Rückblick

auf die

Gründung und Entwickelung

der

Geographischen Gesellschaft in Hamburg

während der Jahre 1873—1898.

Von

L. Friederichsen,

Erstem Sekretär der Gesellschaft.

HAMBURG:

L. Friederichsen & Co.

1898.

Rückblick auf die Gründung und Entwickelung der Geographischen Gesellschaft in Hamburg während der ersten fünfundzwanzig Jahre ihres Bestehens.

Von

L. Friederichsen,

Erstem Sekretär der Gesellschaft.

Am 6. März dieses Jahres werden 25 Jahre seit der Gründung der Geographischen Gesellschaft in Hamburg verflossen sein. Ein Vierteljahrhundert ist immerhin in der Entwickelungsgeschichte einer freien Vereinigung von Männern der verschiedensten Berufsklassen zum Zwecke der Förderung wissenschaftlicher Bestrebungen eine beachtenswerthe Spanne Zeit. Aus diesem Grunde wird ein Rückblick auf die Gründung und Entwickelung unserer Gesellschaft berechtigt erscheinen müssen. Er kann kurz bemessen sein, weil die Gesellschaft bereits durch eine stattliche Reihe von Publikationen fortlaufend über ihre Thätigkeit öffentlich Rechenschaft abgelegt hat; er darf des Festkleides entbehren, weil er nicht mehr sein und scheinen möchte, als er bezweckt und verdient.

Bereits im Jahre 1866, als *August Petermann* sich anschickte eine Allgemeine Deutsche Geographische Gesellschaft, die später in der Gründung des Deutschen Geographentages durch *Gustav Nachtigal* Ausdruck gefunden, ins Leben zu rufen, konnte der Generalkonsul *F. Strong* durch Gewinnung von 700 Beitrittserklärungen hier am Platze konstatiren, dass Hamburg einen besonders guten Boden für die Förderung geographischer Unternehmungen abgeben würde. Wenn desungeachtet der Gedanke der Gründung einer Geographischen Gesellschaft in Hamburg erst Anfang 1873 verwirklicht wurde, so ist dies vorwiegend den voraufgehenden gewaltigen, alles Interesse absorbierenden Zeitereignissen zur Last zu legen. Von der Ueberzeugung durchdrungen, dass alle wissenschaftliche Kenntniss direkt oder indirekt zu praktischen und nützlichen Resultaten führt, und Geographie und Kartographie für Weltverkehr, Handel und Industrie wichtig, ja unentbehrlich sind, bedurfte es nur noch eines äusseren Anlasses, um das längst Erstrebte zur That werden zu sehen Bedenken hinsichtlich der freiwillig zu übernehmenden Arbeitslast mussten schwinden, als im November 1872 der erwünschte äussere Anlass in dem vom Vorstande der Gesellschaft für Erdkunde in Berlin beschlossenen Aufruf zur Bildung von Komités behufs pekuniärer Unterstützung einer systematischen Erforschung Inner-Afrika's, an die Oeffentlichkeit gelangte. In diesem Aufruf haben wir den Muth zur That gefunden. Unterstützt von den Herren Schulrath *L. Harms* und *Ludwig Lippert* liessen wir an 25 angesehene Mitbürger unserer Stadt Einladungen zu einer Vorbesprechung in dieser Angelegenheit ergehen. Dieselbe fand unter Vorsitz des Herrn Senator Dr. *Kirchenpauer* am 19. Februar 1873 in dem Sitzungssaal der Handelskammer statt. An ihr nahmen folgende Herren Theil: Obergerichtsrath Dr. *H. Baumeister*, *H. J. Blume*, Dr. *J. Brinckmann*, Direktor Dr. *J. Classen*, *Carl Eggert*, Sekretär der Handelskammer Dr. *G. Embden*, Kartograph *L. Friederichsen*, *G. L. Gaiser*, *J. C. Godeffroy jr.*, Schulrath *L. Harms*, Senator *A. F. Hertz*, Präses der Handelskammer *M. W. Hinrichsen*, Senator Dr. *G. H. Kirchenpauer*, Dr. *A. Klauhold*, *H. A. Krogmann*, *L. Lippert*, Senator *W. H. Nopitsch* (Altona), Senator *W. H. O'Swald*, Direktor der Sternwarte *G. Rümker*, *Aug. Joh. Schön*, *G. T. Siemssen*, *R. M. Sloman*, *Pius Warburg*, *J. Witt* und *A. N. Zacharias*.

Nachdem Zweck und Ziele des geplanten Unternehmens: »die geographische Wissenschaft zu fördern und das Interesse für dieselbe zu beleben« und ein Statuten-Entwurf Billigung gefunden, wurde der Versand eines von sämmtlichen Anwesenden zu unterzeichnenden Zirkulars mit folgendem Inhalt beschlossen: »Die Unterzeichneten sind zu einem Komité zusammengetreten, um in Hamburg eine Geographische Gesellschaft in's Leben zu rufen. In der Hoffnung, dass auch Sie mit uns die Ueberzeugung theilen, unser in so mannigfacher Hinsicht reich ausgestattetes Hamburg sei vermöge seiner über alle Erdtheile sich erstreckenden Beziehungen und Verbindungen vor vielen anderen Städten in besonders hohem Grade geeignet, einen bedeutsamen Mittelpunkt für geographische Bestrebungen zu bilden, erlauben wir uns, Sie zu einer Versammlung am Donnerstag, den 6. März, Abends 8 Uhr im Zimmer No. 22 des Patriotischen Hauses, einzuladen, in welcher die Konstituirung der Gesellschaft zu beschliessen sein würde.«

Diesem Aufruf Folge gebend, hatten sich 70 Herren zu der konstituirenden Versammlung eingefunden. In Vertretung des von Hamburg abwesenden Vorsitzenden des Gründungs-Ausschusses, des Herrn Senator Dr. *Kirchenpauer*, eröffnete Herr Schulrath *Harms* die Versammlung mit einer längeren Ansprache. Darauf wurden die Statuten berathen und zur Wahl des Vorstandes geschritten. Zum Präsidenten der Gesellschaft wurde einstimmig Herr Senator Dr. *Kirchenpauer* erwählt. Zu Mitgliedern des Vorstandes wurden berufen die Herren: *L. Friederichsen, J. C. Godeffroy jr.*, Schulrath *L. Harms*, Senator *A. F. Hertz*, *L. Lippert* und Direktor *G. Rümker*. Der Vorstand ernannte alsbald in seiner ersten Sitzung Herrn Schulrath *Harms* zum zweiten Vorsitzenden, Herrn *L. Friederichsen* zum Ersten, Herrn Direktor *Rümker* zum Zweiten Sekretär und Herrn *L. Lippert* zum Kassirer.

Dem Einfluss des Präsidenten gelang es unschwer, von der Oberschulbehörde den grossen Hörsaal der Gelehrten-Schule des Johanneums als Sitzungssaal unentgeltlich angewiesen zu bekommen. Von dieser höchst dankenswerthen Vergünstigung hat die Gesellschaft während der verflossenen 25 Jahre regelmässig am ersten Donnerstag eines jeden Monats (mit Ausnahme der Sommermonate) Gebrauch gemacht und nur wenn hervorragende auswärtige Gäste einen Platzmangel fürchten, oder wenn Sitzungen mit Damen eine besonders rege Betheiligung erwarten liessen, ihre Zuflucht zu der Aula der Gelehrtenschule des Johanneums genommen. Zu unserer Freude sind derartige Fälle nicht vereinzelt geblieben. Das Interesse an unseren Bestrebungen ist mit dem stetigen Wachsen unserer Mitgliederzahl immermehr in die Familie eingedrungen, und keine Sitzung vergeht, in welcher dies nicht durch die Anwesenheit von Damen konstatirt wird.

Den ursprünglich aus 18 Paragraphen bestehenden Statuten sind im Laufe der Jahre ausser einer, der am 1. Novbr. 1877 beschlossenen, den Wegfall der September-Sitzung betreffenden Aenderung, 4 Anhänge zugefügt worden. Der erste, die Bildung eines Beiraths betreffende, wurde am 6. Dezember 1877, der zweite, das Statut für die Kirchenpauer-Medaille behandelnde am 6. Dezbr. 1883, der dritte, den Jahresbeitrag für die in der zweiten Hälfte des Jahres eintretenden Mitglieder betreffende ebenfalls am 6. Dezbr. 1883, und der vierte, einen neuen Aufnahmemodus bezweckende Anhang am

7. Juni 1888 zum Beschluss erhoben. In den darauf folgenden 10 Jahren hat sich kein Bedürfniss nach Statuten-Aenderungen bemerkbar gemacht; inwiefern es der Gesellschaft gelungen ist, den Statuten gerecht zu werden, das wird die Aufgabe der folgenden Zeilen sein.

Zu unserer grossen Freude lässt sich heute am Jubiläumstage konstatiren, dass sich die seiner Zeit bei Gründung unserer Gesellschaft ausgesprochene Ansicht von der vorzugsweisen Befähigung Hamburgs zum Sitze einer Geographischen Gesellschaft bewahrheitet hat. Es zeigt sich dies einerseits in dem stetigen Wachsen der Mitgliederzahl von 192 Ende 1873 auf 600 am 6. März 1898, andererseits in den regen Beziehungen zu den Schwester-Gesellschaften und der gewichtigen Stimme unserer Gesellschaft im Rathe derselben. Dabei darf aber nicht verkannt werden, dass wir in mannigfacher Weise vom Glück begünstigt gewesen sind. Ja, ein ganz besonderes Glück war es, dass unsere Gesellschaft die ersten 14 Jahre einen Mann an ihre Spitze berufen und zu fesseln gewusst hat, welcher ihr nicht nur durch seine hohe Stellung in unserem Staate, sondern vor Allem durch seine hervorragenden Kenntnisse auf naturwissenschaftlichem Gebiete und durch den Adel seiner Gesinnung von bahnbrechender Bedeutung gewesen ist. Ihm, dem hochverdienten ersten und langjährigen Präsidenten, Herrn Bürgermeister Dr. *Gustav Kirchenpauer*, heute und an dieser Stelle ein Wort der dankbarsten Erinnerung widmen zu können, gereicht mir zu um so höherer Befriedigung und Freude, als es mir vergönnt war, bis an seinem Lebensabend ausnahmslos in unseren Versammlnngen an seiner Seite sitzen und seiner wohlwollenden und nachsichtigen Beurtheilung theilhaftig werden zu dürfen. Einen bescheidenen Theil der Dankbarkeit hat die Gesellschaft ihrem ersten Präsidenten in der Betheiligung an einem öffentlichen Denkmal, sowie durch die Stiftung der Kirchenpauer-Medaille am 6. März 1882, abzutragen Gelegenheit gehabt, welch' letztere, wie das Statut vom 6. Dezbr. 1883 des Näheren besagt, an Personen verliehen werden soll, die sich um die Geographische Gesellschaft im Besonderen und um die geographische Wissenschaft im Allgemeinen ein hervorragendes Verdienst erworben haben. — Glück muss ferner genannt werden, dass ein Dr. *Kirchenpauer* in Freundschaft und Verehrung beispiellos zugethaner, ihn vornehmlich in seinen geophysikalischen Kenntnissen ergänzender Mann unserer Wissenschaft, Dr. *Georg Neumayer*, lange Jahre die zweite Stelle in unserem Vorstande inne gehabt hat. Auch soll als Glück gepriesen werden, das nach dem Tode *Kirchenpauer's* wiederum Männer von hoher Staatsstellung und Begeisterung für unsere Sache, die Herren Senatoren *A. F. Hertz*, Dr. *J. G. Mönckeberg* und Schulrath Prof. Dr. *Hoche*, an unsere Spitze getreten und zum Theil bis heute an derselben geblieben sind.

Wenngleich für die gedeihliche Entwickelung einer wissenschaftlichen Gesellschaft eine glückliche Wahl derjenigen Männer, die zur Führung und leitenden Arbeit berufen werden, für Vieles Ausschlag gebend ist, so müssen doch auch andere Umstände hinzukommen, um das Gelingen des Vorhabens zu sichern. An diesen hat es denn Gottlob auch nicht gefehlt.

Schon Eingangs habe ich der Thatsache Erwähnung gethan, dass durch die Bildung der Deutschen Afrikanischen Gesellschaft in Berlin im Jahre 1872 der längst gehegte Wunsch der Gründung einer Geographischen Gesellschaft in Hamburg zur Reife gebracht wurde. Sie ist es denn auch längere Zeit gewesen, die uns im Verein mit den übrigen deutschen geographischen Gesellschaften neben reichlichem Stoff für unsere Vorträge und Verhandlungen Gelegenheit geboten hat, für ein international gedachtes und national geübtes Unternehmen behufs systematischer Erforschung Zentral-Afrikas einzutreten. Zur Unterstützung der Zwecke dieser Deutschen Afrikanischen Gesellschaft haben wir in den Jahren 1873 bis 1876 incl. ℳ. 9704.— beisteuern können. Erst als ein Misserfolg, um nicht zu sagen Missgriff, dem anderen folgte, haben wir der an und für sich guten Sache mit unserem Austritt dienen zu müssen geglaubt.

Ein für die Entwickelung unserer Gesellschaft gleich bedeutungsvolles Ereigniss war die Entdeckung des Franz Joseph-Landes durch die österreichisch-ungarische Nordpol-Expedition unter Führung des Schiffslieutenants *C. Weyprecht* und der ihr bei ihrer Rückkehr über Hamburg am 22. und 23. September 1874 durch unsere Gesellschaft bereitete Empfang. Nicht nur dass unsere Mitgliederzahl in Folge dessen von 200 auf ca. 300 in die Höhe schnellte, nein, dass vor Allem der Gedanke, der ursprünglich einem engen Kreis von Freunden der geographischen Wissenschaft innegewohnt, vom grossen Publikum erfasst und Gemeingut einer zahlreichen Bevölkerung geworden, gereichte ihr zum Nutzen und machte den Empfang zu einem epochemachenden Ereigniss in der Geschichte der geographischen Wissenschaft in Deutschland überhaupt.

Die Freude an der kühnen That war es ebenfalls, welche uns hiess, Dr. *Gustav Nachtigal* auf den 9. September 1875 nach hier einzuladen, um aus seinem eigenen Munde über seine zentral-afrikanischen Reisen berichten zu hören. Der Einladung Folge zu geben, war ein

Gebot der Dankbarkeit für die ihm seitens einiger unserer Mitglieder bei seiner Rückkehr nach Heluan bedingungslos zur Verfügung gestellte und gerne adoptirte Summe Geldes.

Die Geschichte der Entwickelung unserer Gesellschaft würde lückenhaft bleiben, wollten wir an dieser Stelle nicht der ausgedehnten überseeischen Verbindungen des Hauses J. C. Godeffroy & Sohn Erwähnung thun, welche um jene Zeit ihren Höhepunkt erreicht und in der Aussendung Gelehrter und naturwissenschaftlicher Sammler nach den Südsee-Inseln und Nordost-Australien, in dem Ausbau des Museum Godeffroy zu einem weltbekannten Institute, und in der Begründung des Journal des Museum Godeffroy einen Stützpunkt für unsere Bestrebungen abgegeben haben.

Ich glaube mich nicht zu täuschen, wenn ich auch auf diese Beziehungen Hamburgs zur Südsee die Inscenesetzung der ersten wissenschaftlichen Expedition der Deutschen Kriegsmarine, die Weltreise Sr. Majestät Schiff Gazelle 1874 und 75 unter Kommando des Kapitäns z. S. Freiherrn *von Schleinitz* zum Theil zurückführe. Unsere Gesellschaft hat auch von der glücklichen Durchführung dieser vor Allem wissenschaftlichen Zwecken gewidmeten, gleichzeitig aber dem Handel dienenden Weltreise Nutzen zu ziehen und die bisher ungekannte Förderung der geographischen Wissenschaft seitens der Kaiserlich Deutschen Marine zu ehren gewusst. Es war ein glücklicher Gedanke, den Kommandanten und das Offizierkorps Sr. Majestät Schiff Gazelle am 11. Mai 1876 mit den Mitgliedern unserer Gesellschaft zu einem Festbanket im Hôtel de l'Europe zu vereinen. Es galt die Thatkraft unserer aufstrebenden Flotte zum Schutze des Handels und die erste Verwendung unserer Kriegsmarine im Dienste der Wissenschaft zu feiern. Allen Theilnehmern wird dieses eigenartige Fest lange in der Erinnerung geblieben sein.

Dasselbe Jahr brachte unserer jungen Gesellschaft in der hier in den Tagen vom 18. bis 23. September abgehaltenen 49. Versammlung Deutscher Naturforscher und Aerzte eine weitere glückliche Gelegenheit zur Bethätigung. In 5 Sitzungen der Sektion für Geographie und Hydrographie, an deren sich von auswärts Männer wie *Richard Andree, Güssfeldt, Hartlaub, von Hochstetter, Nachtigal, Pechuël-Lösche, von Richthofen, Rohlfs, von Schleinitz, Schreiber* und *Schunke* betheiligten, wurden Tagesfragen erörtert, die unserer aufstrebenden Gesellschaft neue Anregung brachten. Vor Allem war es die von Sr. M. dem König der Belgier geplante Internationale Gesellschaft zur Erschliessung Zentral-Afrikas, welche hier des Weiteren erörtert wurde und in einem Dankes-Telegramm an den König, sowie in der

Bereitwilligkeit: »für die in Brüssel beschlossene internationale Vereinigung zum Zwecke systematischer Erforschung Zentral-Afrikas und seiner Erschliessung für die Kultur durch Bildung eines nationalen Aktions-Komités eintreten zu wollen« Ausdruck fand. Dass diese anfangs philanthropisch gedachten Pläne die Auftheilung der herrenlosen Gebiete Zentral-Afrikas unter die europäischen Grossmächte gezeitigt hat, ist zu frisch in Aller Gedächtniss, als dass wir dabei länger zu verweilen brauchten. Nicht unerörtert darf aber bleiben, dass sie den eigentlichen Anfang der Agitation zu Gunsten unserer jüngsten deutschen überseeischen Politik gebildet haben, die hier am Orte die kräftigste Fürsprache, in unserer Mitte die begeistertsten Vorkämpfer gefunden hat. Als wir vor einiger Zeit die Freude hatten, uns von unserem Ehrenmitglied *Georg Schweinfurth* über die italienische Kolonisation in Abessinien berichten zu lassen, schloss er seinen Vortrag mit einem Ausblick auf die deutschen kolonisatorischen Bestrebungen. Er gab dabei der anscheinend in Vergessenheit gerathenen Thatsache Ausdruck, dass unser Mitglied Dr. *Hübbe-Schleiden* es gewesen sei, der durch seine kolonialpolitischen Vorträge und Schriften, zuerst durch sein 1878 verfasstes Buch »Ethiopien, Studien über West-Afrika«, Bresche in die vorgefasste öffentliche Meinung geschossen und sie zu einer thatkräftigen deutschen überseeischen Politik umgestimmt habe.[1]) *Hübbe-Schleiden's* Arbeiten sind es meist auch gewesen, welche unser Mitglied *Ed. Robert Flegel* zu einem der eifrigsten Agitatoren für deutsche Kolonialpolitik gemacht haben. Dem fast fanatischen Eifer dieses leider zu früh im Dienste der deutschen Afrika-Forschung und Kolonialpolitik erlegenen langjährigen Mitgliedes unserer Gesellschaft durften wir die Wege ebnen und mit ihm seine ersten Reisepläne besprechen und durcharbeiten. Ohne Ueberhebung dürfen wir sagen, dass Flegel's afrikanische Thätigkeit, sowohl was kaufmännische Interessen, als seine wissenschaftlichen und kolonialpolitischen Bestrebungen behufs Nutzbarmachung der von unserem berühmten Landsmanne Dr. *Heinrich Barth* entdeckten Wasserstrasse des Niger-Benuë anlangt, recht eigentlich in Hamburg wurzelte.

Um chronologisch die Ereignisse zu rekapituliren, welche als Glücksterne in der Geschichte unserer Gesellschaft hervorgehoben zu werden verdienen, müssen wir auf die Ende der Siebenziger Jahre in geographischen Kreisen von Neuem angeregten Polarforschungen übergehen. Schon in der Sitzung vom 3. Dezember 1874 brachte

---

[1]) Siehe *Fr. Fabri:* Bedarf Deutschland der Kolonien 1879, Seite 99.

Herr *John E. Hertz* den motivirten Antrag ein: »Die geographische Gesellschaft in Hamburg wolle beschliessen, die hohen Bundesregierungen und den Reichstag auf geeignetem Wege zu ersuchen, noch in der laufenden Session die Mittel zu einer im Frühjahr 1875 auszusendenden Expedition zur Erforschung der arktischen Gegenden auf Basis der Ostküste Grönlands zu bewilligen«. Der Antrag wurde aus hier nicht zu erörternden Gründen abgelehnt, hingegen beschlossen: »den Hamburgischen Delegirten zu der auf den 5. Dezember 1874 anberaumten Sitzung der Afrikanischen Gesellschaft in Berlin, Herrn *Friederichsen,* zu beauftragen, die in Berlin versammelten Delegirten der verschiedenen deutschen geographischen Gesellschaften von dem *Hertz*'schen Antrage in Kenntniss zu setzen und sie um einen Meinungsaustausch zu bitten«. Dies geschah und führte zu folgender Berliner Resolution:

»In voller Anerkennung der Wichtigkeit der Nordpolarfrage, die auf Anregung der Geographischen Gesellschaft in Hamburg durch den Vertreter derselben, Herrn *Friederichsen,* bei der Jahresversammlung der Afrikanischen Gesellschaft zur Sprache gebracht wurde, und in der Hoffnung, dass die gegenwärtig in Afrika eingeleiteten Unternehmungen bald genugsam fortgeschritten sein werden, um bei dem in Deutschland für geographische Bestrebungen bereits erweckten Interesse eine weitere Inangriffnahme des polaren Problems ohne gegenseitige Beeinträchtigung beider Zwecke zu gestatten, halten es die in Berlin versammelten Delegirten für wünschenswerth, dass zu geeigneter Zeit, wenn unter Berathung fachmännischer Autoritäten dafür erkannt, eine fernere Betheiligung Deutschlands an den Nordpolarfahrten nicht nur, sondern an den Polarfahrten überhaupt, den nördlichen sowohl wie den südlichen, in Ueberlegung gezogen werde, und dass, wenn sich eine solche für eins der späteren Jahre unter dem Vorgange der Hansestädte ausführbar zeigen sollte, die gegenwärtig für die Erforschung des äquatorialen Afrika angebahnte Vereinigung der geographischen Gesellschaften Deutschlands eine entsprechende Erweiterung finden möge, um die auf dem heutigen Standpunkt geographischer Entdeckungen ebenfalls dringende Hauptaufgabe, wie sie in dem benöthigten Aufschluss der Polargebiete gestellt ist, zweckdienlich zu fördern.«

Ungeachtet vorstehender abwehrender Resolution griff der Bremer Verein für die Deutsche Nordpolarfahrt[1]) die Hamburger Anregung auf und verwirklichte was Herr *John Hertz* hier vergeblich erstrebt:

---

[1]) Die spätere Geographische Gesellschaft in Bremen.

eine direkte Eingabe an den Bundesrath zum Zweck der Fortsetzung deutscher Polarforschung auf Basis Ostgrönlands. Dies hatte zur Folge, dass sich unsere Gesellschaft zur Unterstützung der Bremer Eingabe verstand und ihren Vorstand am 7. Januar 1875 zu einer Supplik an den Senat ermächtigte, dahingehend: »dass Ein Hoher Senat gebeten werde, den Hamburgischen Bevollmächtigten beim Bundesrath zu instruiren, die Eingabe des Bremer Polar-Vereins an den Bundesrath, eine neue Deutsche Polar-Expedition aus Reichsmitteln betreffend, nach Kräften zu befürworten, ausserdem aber dafür zu wirken, dass im Zusammenhang mit der Bewilligung der Geldmittel von Reichswegen auch eine aus Gelehrten und sonstigen Sachverständigen bestehende Kommission berufen werde, um den Bremer Plan zu prüfen, respektive auf Basis desselben oder neuer Vorschläge die Exekutive in der Sache zu behalten.«

Indem der Senat unserer Bitte nachkam, brachte er die Angelegenheit in Fluss. Es wurde trotz abweisender Stellungnahme des Vorstandes und Beirathes der Gesellschaft für Erdkunde in Berlin eine Reichs-Kommission ernannt und auf den 4. Oktober 1875 unter Vorsitz des Geh. Oberregierungsraths *von Möller* behufs Prüfung des erwähnten Bremer Plans einer deutschen Nordpol-Expedition aus Reichsmitteln, nach Berlin berufen. In dem dem Bundesrathe übergebenen Protokoll der 8tägigen Berathungen dieser Kommission, wurden ihre prinzipiellen Ansichten in folgenden Sätzen zum Ausdruck gebracht:

»1) Die Erforschung der arktischen Regionen ist für alle Zweige der Naturkunde von grosser Wichtigkeit. Als Modalität solcher Erforschung empfiehlt die Kommission die Errichtung von festen Beobachtungsstationen. Von der Hauptstation aus und gestützt auf dieselbe, würden sich Untersuchungsfahrten zu Lande und zu Wasser empfehlen.

2) Die Kommission bezeichnet als das Gebiet, auf welches die vom Deutschen Reiche zu organisirenden arktischen Forschungen sich zu beziehen haben würden, den einen der grossen Meereszugänge zum hohen Norden, welcher zwischen der Ostküste Grönlands und der Westküste Spitzbergens gelegen ist. Eine Hauptstation wäre im unmittelbaren Anschluss an die Ergebnisse der zweiten deutschen Nordpol-Expedition auf der Ostküste Grönlands zu errichten. Mindestens zwei für dauernde Bearbeitung gewisser wissenschaftlicher Aufgaben einzurichtende Nebenstationen werden etwa auf Jan Mayen und an der Westküste Spitzbergens herzustellen sein. Vorübergehend möchten für einzelne Zwecke von der Hauptstation aus je nach den Umständen Zweigstationen anzulegen sein.

3) Der Kommission erscheint es sowohl sehr erwünscht, als auch rücksichtlich der wissenschaftlichen Vorbereitungen ausführbar, dass diese arktischen Forschungen bereits im Jahre 1877 ihren Anfang nehmen.

4) Obwohl die Kommission der Ueberzeugung ist, dass eine nach obigen Vorschlägen eingeleitete Erforschung der arktischen Gegenden auch dann zu werthvollen Ergebnissen führen wird, wenn dieselbe auf das Gebiet zwischen Grönland und Spitzbergen beschränkt bleibt, glaubt sie doch eine erschöpfende Lösung der Aufgaben, welche dieser Forschung gestellt sind, nur davon erwarten zu dürfen, dass die letztere auf die übrigen Theile der Polarzone ausgedehnt wird und dass sich zu diesem Zwecke noch andere Staaten an dem Unternehmen betheiligen. Die Kommission empfiehlt daher, den Regierungen derjenigen Staaten, welche an den arktischen Forschungen Interesse nehmen, von den Grundsätzen, welche für das deutsche Unternehmen angenommen werden, Mittheilung zu machen, damit unter ihrer Betheiligung womöglich ein geschlossener Kreis von Beobachtungsstationen um die arktische Zone gelegt werde.«

Wie so häufig, zeigte sich auch in diesen Beschlüssen, dass das Bessere meist der Feind des Guten ist. Denn nachdem dem Bundesrath seitens des Chefs der Admiralität 2 Gutachten über die Kosten der beantragten Beobachtungsstationen in einer Höhe von 1 647 800 resp. 1 166 000 Mark vorgelegt worden waren, musste aus finanziellen Gründen zur Zeit (im Februar 1876) von einem Eingehen auf die Kommissions-Vorschläge Abstand genommen werden.

Im Oktober 1876, nach erfolgter glücklicher Rückkehr der englischen unbefriedigt verlaufenen Nordpol-Expedition unter Kapitän *Nares,* versuchte *Petermann* nochmals vergebens für eine deutsche Nordpol-Expedition aus Reichsmitteln einzutreten. Erst als es den Herren Graf *Wilczek* und Schiffslieutenant *Carl Weyprecht* gelang ihr zuerst auf der Grazer Naturforscher-Versammlung 1875 bekannt gegebenes Programm für die Arbeiten einer internationalen Polar-Expedition — es galt rund um den Pol herum Observatorien anzulegen — vor das Forum des 2. Internationalen Meteorologen-Kongresses in Rom (April 1879) zu bringen, fing die Polarforschung an, eine zielbewusste und damit hoffnungsreichere Richtung anzunehmen. Es führte dies zu der vom Internationalen Meteorologischen Komité anberaumten und in den Tagen vom 1. bis 5. Oktober 1879 in Hamburg abgehaltenen Internationalen Polar-Konferenz, einer jener aussergewöhnlichen Gelegenheiten, die ihren Glanz auch auf unsere Gesellschaft ausstrahlen sollte. In einer am 2. Oktober in den Räumen des

Sagebiel'schen Etablissements zu Ehren der Mitglieder dieser Konferenz anberaumten Sitzung, deren Tendenz belebt wurde durch die wenige Wochen vorher eingetroffene Nachricht von der glücklich durchgeführten Fahrt *Nordenskiölds* im Norden Asiens und seiner am 3. September 1879 erfolgten Ankunft in Yokohama, konnten wir den Vorträgen *Kirchenpauer's*, *Neumayer's*, *Buys Ballot's*, *Weyprecht's*, *Koldewey's*, *Hoffmeyer's* und *Mohn's* lauschen, und von diesen auserwählt Sachverständigen die Polarfrage beleuchtet hören. — Es ist bekannt, dass diese Konferenz zur Bildung einer Internationalen Polar-Kommission unter Vorsitz Dr. *Neumayers* führte und die Berufung einer Deutschen Polar-Kommission mit Hamburg als Vorort Anfang Dezember 1881 seitens des Reichskanzlers *Fürsten Bismarck* zur Folge hatte. Einem Exekutiv-Ausschuss, bestehend aus den Herren *Neumayer*, *Nachtigal*, *v. Schleinitz* und *Börgen* blieb es vorbehalten, im Systeme der Internationalen systematischen Polarforschung deutscherseits 3 Stationen (Süd-Georgien, Cumberland Sund und Ostküste Labrador's) am 1. September 1882 mit den geeigneten wissenschaftlichen Kräften zu besetzen und ihnen die erforderlichen Direktiven für ein volles Jahr zu geben. Am 1. Juni 1882 konnte unsere Gesellschaft ihre Sympathie für den von langer Hand vorbereiteten Forschungsplan in einer geselligen Vereinigung Ausdruck geben, welche sie den Führern (Dr. *Giese*, Dr. *Schrader*, Dr. *Koch*) und wissenschaftlichen Begleitern dieser 3 deutschen Expeditionen in Wiezel's Hotel zum Abschied und Glückauf darbot. Auch war es ihr, zusammen mit dem Naturwissenschaftlichen Verein, der Mathematischen Gesellschaft, der Anthropologischen Gesellschaft, dem Verein für naturwissenschaftliche Unterhaltung und der Botanischen Gesellschaft, vergönnt, die erfolgreich zurückkehrenden 3 Expeditionen am 17. November 1883 zu einer Fest-Versammlung nebst Festbanket zu vereinigen. Ein Kreis von illustren auswärtigen Gelehrten (*Börnstein*, *Börgen*, *Schering*, *Karsten*, *Honsell*, *v. Schleinitz*, *Werner Siemens*, *Thilenius*, *v. Bezold*, *Ebermayer*, *Krebs*, *Müttrich*, *Schreiber*, *v. Danckelman*, *Klein*, *Assmann*, *Hellmann*, *v. Schoder*), welche sich behufs Begründung einer Deutschen Meteorologischen Gesellschaft hier am selben Tage zusammengefunden hatten, sowie die Anwesenheit unseres just aus dem Massai-Land zurückgekehrten Reisenden Dr. *G. A. Fischer*, erhöhte die Bedeutung dieses Tages.

Ich kann die Reihe dieser in das Gebiet der Polarforschung fallenden Ereignisse nicht verlassen, ohne an den 5. Februar 1884 zu erinnern, zu dessen Mittagsstunde sich auf Veranlassung des Vorstandes unserer Gesellschaft eine grössere Anzahl Herren (Mitglieder des Senats, Vertreter wissenschaftlicher Vereine und Behörden, Mitglieder der Diplomatie etc.) im Wartesaal der Hamburg-Amerikanishen Packetfahrt-Aktien-Gesellschaft am Jonas versammelt hatten. Es galt die Helden zu ehren, welche als Mitglieder der Jeanette-Expedition in dem Bestreben der verloren geglaubten Nordenskiöld'-schen Expedition Hülfe zu bringen, den Tod im Dienste der Polarforschung gefunden, und deren sterbliche Ueberreste in zehn neben einander stehenden, mit Kränzen und Schleifen bedeckten Särgen, unter dem Schutze zweier amerikanischer Marine-Offiziere zur heimathlichen Ruhestätte nach New-York verschifft werden sollten. Die damals unter lautloser Stille von Herrn Bürgermeister Dr. *Petersen* im Namen des Senats gesprochenen Worte, legten beredtes Zeugniss ab von dem in unserer Stadt allezeit regen Interesse an den Bestrebungen zur Erforschung der Erdoberfläche und Erschliessung derselben für den Dienst der Menschheit.

Als eins der bedeutendsten Ereignisse in der Geschichte unserer Gesellschaft verdient der in den Tagen vom 9. bis 11. April 1885 zu Hamburg im Wilhelm-Gymnasium stattgehabte 5. Deutsche Geographentag nebst geographischer Ausstellnng bezeichnet zu werden. Ich glaube mich nicht zu täuschen, wenn ich ihm überhaupt einen der ersten Plätze unter den bisherigen Deutschen Geographentagen einräume. Nicht etwa weil die Thätigkeit unseres damaligen Lokalkomités eine besondere gewesen wäre, nein lediglich weil diese Versammlung in eine Zeit fiel, in welcher die geographischen und kolonialpolitischen Bestrebungen aller Kulturstaaten ein Tagesinteresse bildeten. Der Genius der damaligen Zeit, welcher unseren überseeischen Verbindungen eine ungeahnte Bedeutung und Entfaltung versprach, hiess das Lokalkomité unseren Gästen die besondere Bedeutung unserer Stadt, als des Thores, durch welches vor anderen die Verbindungen unseres Vaterlandes mit fernen Welttheilen unterhalten werden, in Wort und Bild vorführen. Der allseitige Dank, der uns geworden, hat die Mühen einer jahrelangen Vorbereitung reichlich gelohnt.

Dem 5. Deutschen Geographentag folgte eine mehrjährige unfreiwillige Pause in der Reihe der ausserordentlichen Ereignisse. Erst im April 1891 konnte unser Vorstand in dem Plan einer gross angelegten Hamburgischen Amerikafeier wieder Gelegenheit finden, unsere Mitglieder und Mitbürger zu einer der weltgeschichtlichen Bedeutung der Entdeckung Amerika's entsprechenden Feier des 400jährigen Gedenktages zu begeistern. Von dem unter Führung des Vereins für Kunst und Wissenschaft aus allen Kreisen Hamburg's gebildeten Komité für die Amerikafeier war beschlossen, eine wissenschaftliche Denkschrift zu veröffentlichen, eine vierwöchentliche Ausstellung auf die Entdeckung Amerika's bezüglicher Werke und Gegenstände zu veranstalten, und eine feierliche Sitzung am Morgen, ein heiteres Fest am Abend des 12. Oktober abzuhalten. Da brach im August des Jahres 1892 eine verheerende Cholera-Epidemie über unsere Stadt herein und vereitelte den grössten Theil unserer Pläne. Nur die aus 2 starken Bänden bestehende, Ende 1892 erschienene monumentale Festschrift und das künstlerische Abendfest in dem Sagebiel'schen Etablissement am 16. März 1893, haben schliesslich Zeugniss ablegen können von unserem Verständniss für die Bedeutung der Entdeckung Amerika's für unser ganzes Kulturleben.

An Stelle der Amerikafeier ward uns im Oktober 1892 die Freude, Dr. *Franz Stuhlmann* in seine engere Heimath zurückkehren zu sehen und in einer gemeinschaftlichen Sitzung mit dem Naturwissenschaftlichen Verein über seine Reise mit *Emin Pascha* in's Herz von Afrika berichten zu hören; und 5 Monate später, am 20. März 1893, durften diese beiden befreundeten Vereine, verstärkt durch den Aerztlichen Verein, den Vortrag *Stuhlmann's* über die afrikanischen Zwergvölker, unter Vorführung der beiden von ihm aus Inner-Afrika mitgebrachten weiblichen Zwerge, entgegennehmen.

Wenn ich nun noch des 21. Juni 1896, des 70. Geburtstages unseres Ehrenmitgliedes, des hochverdienten Direktors unserer Seewarte, des Herrn Wirkl. Geheimen Admiralitätsrath Prof. Dr. *Georg Neumayer*, als eines Festtages Erwähnung thue, so wäre ich damit am Ende derjenigen Ereignisse angekommen, welche als besondere Glückssterne in unserem Vereinsleben bezeichnet werden können.

Es bleibt mir nun noch die Aufgabe in Kürze mitzutheilen, wie wir den im § 2 unserer Statuten vorgezeichneten Aufgaben zur Erreichung unseres Zweckes: »die geographische Wissenschaft zu fördern und das Interesse für dieselbe zu beleben« gerecht geworden sind, resp. gerecht zu werden uns bemüht haben.

An jedem ersten Donnerstag des Monats, mit Ausnahme der Sommer-Monate Juli, August und September, sind Ordentliche Versammlungen der Gesellschaft abgehalten worden, so dass wir im März d. J. auf 225 Sitzungen zurückzublicken haben werden. Dass es nicht immer leicht gewesen ist, die Tagesordnung für diese stattliche Reihe der Versammlungen zu schaffen, darf nicht verschwiegen werden. Denn Geographen von Fach sind in Hamburg nur vereinzelt zu finden, und die mannigfachen und ausgedehnten Berufsgeschäfte des grössten Theiles unserer Mitbürger gestatten meist nur eine receptive Mitgliedschaft. Und doch sind aus unserer Mitte zahlreiche und vortreffliche Vorträge hervorgegangen. An ihnen hat sich bewahrheitet, dass sich der Kaufmann durch längeren Aufenthalt in der Fremde eine Vertrautheit mit überseeischen Zuständen zu eigen zu machen pflegt, die selbst scharfsinnige wissenschaftliche Beobachter selten zu erreichen vermögen. Dasjenige aber, was wissenschaftliche Versammlungen besonders zu würzen pflegt: eine an die Vorträge zu reihende Diskussion, ist leider, wie bei den meisten Schwester-Gesellschaften so auch bei uns, frommer Wunsch geblieben, Diesen Mangel zu heben, sollte sich ein jedes Mitglied zur Aufgabe stellen. Auch dürfte einem kurzem Litteratur-Berichte eine regelmässige Stelle in unseren Sitzungen nicht länger versagt werden können.

Es hat mich überrascht, aktenmässig belegt zu finden, dass von insgesammt 300 grösseren Vorträgen während der verflossenen 25 Jahre 210 i. e. 70 % von Hamburgern und nur 90 von Auswärtigen gehalten worden sind. Die Themata dieser 300 Vorträge kennzeichnen in gewissem Grade das Tagesinteresse; sie zeigen auf das Evidenteste, dass dem Afrikanischen Kontinent während des verflossenen Vierteljahrhunderts der Löwenantheil, nämlich 63 Vorträge (34 von Hamburgern, 29 von Auswärtigen) zugefallen sind. Nächst Afrika rangirt Europa mit 42 Vorträgen (36 von Hamburgern, 6 von Auswärtigen), dann Asien mit 37 (17 von Hamburgern, 20 von Auswärtigen), Süd-Amerika mit 26 (15 von Hamburgern, 11 von Auswärtigen), Ozeanographie, Hydrographie und Meteorologie mit 18 (13 von Hamburgern, 5 von Auswärtigen), Australasien mit 17 (13 von Hamburgern, 4 von Auswärtigen), Arktis und Antarktis mit 16 (11 von Hamburgern, 5 von Auswärtigen), Nord- und Zentral-Amerika mit 12 (6 von Hamburgern, 6 von Auswärtigen).

Nicht nur die Höflichkeit, auch der Erfolg gebietet, an dieser Stelle namens des Vorstandes allen denjenigen zu danken, welche uns durch ihre Vorträge erfreut haben. Insbesondere gilt dieser Dank aber denjenigen Männern, die von auswärts zu uns gekommen und uns im Gedankenaustausch und in Mittheilung ihrer Erlebnisse belehrt haben. Unter ihnen nenne ich besonders *Adolph Bastian, Bessels, Max Buchner, Richard Buchta, Karl Dove, Erich von Drygalski, Paul Ehrenreich, Theobald Fischer, Ed. Robert Flegel, Geiger, Gürich, Paul Güssfeldt, Sven Hedin, v. Hesse-Wartegg, Alfred Hettner, J. M. Hildebrandt, Emil Holub, Wilhelm Junker, Klutschak, Kreitner, Krümmel, Kükenthal, Küstner, Kund, Lumholtz, Markow, v. Massow, Hans Meyer, Herm. Meyer, B. Moritz, Gustav Nachtigal, Fridtjof Nansen, Naumann, Negri, Oberhummer, Passarge, Julius Payer, Pechuël-Loesche, Alfred*

Philippson, Plate, Polakowsky, Paul Reichard, v. Ryckevorsel, Schloifer, Schmeisser, Herm. A. Schumacher, Schweinfurth, Karl von den Steinen, Joh. Walther, Weyprecht, von Wissmann und E. Zintgraff.

Durch das sich tagtäglich mehrende Interesse an geographischen und kolonialpolitischen Fragen ist unsere Tagespresse darauf hingewiesen worden, ihre Fühlfäden mehr und früher denn sonst nach allen Weltgegenden hin auszustrecken, um dem Bedürfnisse des Publikums nach raschen Neuigkeiten auch auf unserem Gebiete zu entsprechen. Dadurch und durch den sich ständig mehrenden telegraphischen und telephonischen Verkehr ist den geographischen Gesellschaften ein gut Theil Material entzogen worden. Während man früher nicht zu befürchten brauchte, innerhalb 4 Wochen überholt zu werden, tritt man jetzt schüchtern an die Mittheilung einer neuen Thatsache heran, stets fürchtend bereits Gekanntes zu wiederholen. Die anderweitig mehrfach ausgesprochene Befürchtung hingegen, dass mit dem Schwinden der grossen geographischen Entdeckungen die Existenzberechtigung der geographischen Gesellschaften bedroht sein werde, hat sich Gottlob nicht bestätigt. Im Gegentheil lässt sich unsere bei ähnlicher Gelegenheit ausgesprochene Ansicht von der künftigen intensiveren Thätigkeit derselben deutlich in der Zunahme der nach gleichen und verwandten Zielen strebenden Vereine bekräftigt finden.

Die Zahl der auswärtigen Gesellschaften und Institute, mit denen unser Verein beispielsweise in Verbindung und Schriftenaustausch steht, beträgt mehr als Hundert, nämlich: 30 im übrigen Deutschland, 50 im ausserdeutschen Europa und ca. 30 in den übrigen Erdtheilen zusammen. Dies hat die für unsere Stadt unschätzbare Folge gehabt, dass die Zahl der in unserer Bibliothek vertretenen, ohne Kosten erworbenen Fach-Zeitschriften die hohe Zahl von 200 erreicht. Dadurch bildet unsere Bibliothek eine wünschenswerthe Ergänzung zur Kommerzbibliothek der Hamburger Handelskammer, in deren Räumen sie auch aufgestellt ist. An Einzelwerken (Bücher und Karten) vermehrt sich die Bibliothek fast nur durch gelegentliche Schenkungen, da die Kommerzbibliothek in der Lage ist, durch Neu-Anschaffungen eine besonders reiche geographische Einzel-Litteratur zu bieten. Unsere Bibliothek umfasst zur Zeit ca. 2000 Bände Zeitschriften, ca. 1000 Einzelschriften und ca. 500 Karten resp. Kartenwerke. Sie ist laut Vertrag mit der Handelskammer vom 15. Aug. 1883 unentgeltlich in einem Separatzimmer der Kommerzbibliothek aufgestellt und kann unter denselben Bedingungen wie die Kommerz-Bibliothek von Jedermann benutzt werden. In der Hoffnung, dass es uns noch einmal gelingen wird, eigene Gesellschaftsräume zu erwerben resp. zu miethen, hat sich unser Vorstand das Eigenthumsrecht an den Bibliotheksbeständen vorbehalten. Ein gedruckter, von Dr. *H. Michow* zusammengestellter Katalog ist im Juli 1893 an die Mitglieder vertheilt worden. Derselbe ist im Manuskript bis auf den heutigen Tag fortgesetzt. Zur weiteren und leichteren Nutzbarmachung unserer Zeitschriften-Bibliothek wird seit Jahren ein Materien-Katalog sämmtlicher geographischen Zeitschriften des In- und Auslandes von Dr. *Michow* geführt.

Unter Alinea c des § 2 unserer Statuten ist dem Vorstande ferner vorgezeichnet: »durch Sammlung eines Fonds behufs materieller Unterstützung geographischer Entdeckungsreisen oder selbständiger Ausrüstung wissenschaftlicher Expeditionen oder Förderung wissenschaftlicher Arbeiten« die Zwecke unserer Gesellschaft zu fördern. Auch diesen Theil unserer Aufgabe haben wir zum Theil durch sparsame Verwaltung, vorwiegend aber dank der Munificenz Eines Hohen Senats und der Bürgerschaft, sowie der allezeit auch für wissenschaftliche Bestrebungen opferwilligen Bevölkerung unserer Stadt, bisher in befriedigender Weise lösen können. Auf Antrag des Senats ist unserer Gesellschaft in ähnlicher Weise wie sich andere Schwestergesellschaften des In- und Auslandes dessen erfreuen dürfen, von Senat und Bürgerschaft seit 1889 eine jährliche Staatssubvention von 5000 ℳ. bewilligt worden. Wir wurden hierdurch in den Stand gesetzt, in die Reihe derjenigen Gesellschaften zu treten, welche selbstständige wissenschaftliche Expeditionen ausrüsten und dadurch direkt Wissenschaft, Handel und Industrie zu fördern vermögen.

Schon Eingangs habe ich erwähnt, dass wir in den Jahren 1873—76 zur Unterstützung der Zwecke der Deutschen Afrikanischen Gesellschaft unserer Kasse 9704 ℳ. entnommen haben.

In jene Zeit fällt auch eine spezifisch Hamburgische Expedition nach dem östlichen Südafrika, die, wenn auch nicht aus unseren Mitteln bestritten, so doch in ihren wissenschaftlichen Resultaten unserer Gesellschaft zu Gute gekommen ist. Ich meine die im Auftrage unseres derzeitigen Vorstandsmitgliedes, des Herrn *L. Lippert*, ausgeführte Reise des jetzigen Greifswalder Professors Dr. *E. Cohen* von Lydenburg nach den Goldfeldern und von Lydenburg nach der Delagoa-Bai (1873). Im Zweiten Jahresbericht haben wir die Routenkarte Dr. E. Cohen's von einem ausführlichen Text begleitet, zur weiteren Kenntniss gebracht.

Die erste selbständige Expedition datirt aus dem Jahre 1876. Sie betraf die von Dr. *F. Andreas* geplante Forschungsreise nach

Süd-Persien. Zu ihrer Unterstützung sind uns derzeit der Rest-Saldo des hiesigen Humboldt-Vereins, sowie freiwillige Beiträge unserer Mitglieder in der beträchtlichen Höhe von 7800 *M.* überwiesen worden. Von Akademikern wie *Mommsen, Ohlshausen, Kiepert* und *v. Gutschmidt* warm befürwortet, von dem Kgl. Preussischen Kultusministerium mit den schwerwiegendsten Empfehlungen ausgerüstet, sahen wir uns veranlasst mit Herrn Dr. *Andreas* einen Vertrag abzuschliessen, demzufolge er sich verpflichtete, eine viermonatliche Reise in Süd-Persien für unsere Gesellschaft auszuführen. Dr. *Andreas* hat darauf am 28. Mai 1875, nach Einhändigung eines Wechsels auf Bushire in obiger Höhe, Hamburg verlassen und sich seinen Verpflichtungen zu entziehen gewusst. Zur Erhärtung Dieses glaube ich die Worte zitiren zu sollen, welche unser nachsichtiger Präsident Dr. *Kirchenpauer* in seiner Festrede gelegentlich unseres zehnjährigen Stiftungsfestes öffentlich auszusprechen sich gemüssigt sah: »Eine unter den verlockendsten Auspicien eingeleitete Expedition nach Persien ist gänzlich fehlgeschlagen«!

Einen günstigen Verlauf hat hingegen die von uns im Jahre 1882—83 in Szene gesetzte *Fischer*'sche Expedition in das Massai-Land genommen. Zur gerechten Würdigung dieser spezifisch hamburgischen Reise muss ich auf die historische Entwickelung unserer Kenntniss vom zentralen Ost-Afrika zurückgreifen.

Deutschland gebührt unbestritten nächst England die Ehre, das Meiste zur Aufschliessung Inner-Afrika's beigetragen zu haben. Als recht eigentlich deutsche Domäne, was Handels- und wissenschaftliche Bestrebungen anlangt, gilt speziell das aequatoriale Ost-Afrika. Hier waren es vor Allem hamburgische Handelshäuser, welche in regem Handelsverkehr mit den Eingeborenen kultivirend und zivilisirend wirkten, hier waren es aber auch vorzüglich deutsche Missionare und Gelehrte, welche der Aufschliessung unbekannter Gebiete Vorschub leisteten. Die Existenz des schneebedeckten Bergriesen Kilima Ndjaro wurde 1848 zuerst von *Rebmann*, die des Kenia 1849 von *Krapf* gemeldet. *Rebmann* und *Erhardt* waren es, welche auf Grund eingezogener Erkundigungen jene berühmte Karte von Ost- und Zentral-Afrika konstruirten, auf welcher der Ukerewe-See in einer Ausdehnung von über 12 Graden zum ersten Male zur Darstellung gebracht war, und welche den Impuls zu den hervorragenden Entdeckungsreisen der Engländer *Burton, Grant* und *Speke* gegeben haben. Der viel versprechende Hamburger Dr. *Albert Roscher* war es ferner, der 1859 hinauszog, um den Kilima Ndjaro zu besteigen, diesen Plan leider zu Gunsten der Aufsuchung des zur Frage gestellten Nyassa-Sees aufgab und dort seinen Forschungstrieb mit dem Leben bezahlen musste. Ein Jahr später gelang es dem Hannoveraner Baron *Claus von der Decken*, von Mombassa aus das Wanika- und Wateita-Land zu durchkreuzen, den Kilima Ndjaro bis zu einer Höhe von 8360 engl. Fuss zu besteigen, und dessen Gesammthöhe auf 18 710 engl. Fuss zu bestimmen. Im Oktober 1862 schickten sich *von der Decken* und Dr. *Otto Kersten* zu einer zweiten Besteigung des Kilima Ndjaro an, und dieses Mal wurde eine Höhe von 14 160 engl. Fuss erreicht, die vulkanische Natur erkannt und die geographische Lage dieses Bergriesen bestimmt. 1863 unternahmen *von der Decken* und *Kersten* eine Seereise nach Ibo und Lamu und kehrten dann zeitweilig nach Deutchland zurück. Die grossen Erfolge liessen aber *von der Decken* daheim keine Ruhe finden; der Thatendrang trieb ihn 1864 wieder hinaus und dieses Mal nahm er zwei kleine Dampfschiffe mit sich, um mit ihnen auf den ostafrikanischen Flüssen Osi-Tana und Jub möglichst weit in das Innere Ost-Afrika's zu gelangen. Es ist bekannt, dass *von der Decken* sammt dem grössten Theil seiner Begleiter am Jub von einer Horde wilder Somalis getödtet wurde. Das werthvolle geographisch - naturwissenschaftliche Material der *von der Decken*'schen Expeditionen ist von Dr. *Otto Kersten* zu einem klassischen vierbändigen Werke zusammengestellt worden, das alle Zeiten der deutschen Litteratur zur Zierde gereichen wird.

Zur Klarstellung des Schicksals der *von der Decken*'schen Expedition wurde *Richard Brenner* an den Tana- und Jubfluss entsandt; er erreichte Berdera und drang von dort gen Osten an die Küste durch.

Nächst *von der Decken* war es vor Allem der Sendling der Karl Ritter-Stiftung und Berliner Akademie der Wissenschaften, der leider 1881 auf Madagaskar verstorbene *J. M. Hildebrandt*, dem wir in den Jahren 1875 bis 1877 von Sansibar aus auf verschiedenen Wegen in der Alpenregion des Kilima Ndjaro und Kenia begegnen.

Im Juni 1876 entwarf der aus Zeitz gebürtige und damals in Berlin ansässige Ingenieur *Clemens Denhardt* einen detaillirten Plan für eine neue deutsche Expedition zur Förderung der deutscherseits inzwischen sistirt gewesenen Erschliessung Ost-Aequatorial-Afrika's. Er zielte darauf ab, vermittelst zu errichtender Handelsstationen, als der den Eingeborenen allein verständlichen Form, in engeren Verkehr mit den Galla- und Somali-Stämmen zu treten und gleichzeitig wissenschaftliche Beobachtungen zu machen. Bei der Ausführung seiner Pläne waren ihm unter Anderen die Geographische Gesellschaft in Hamburg und hamburgische Kaufleute behülflich, so dass seine Expedition Ende 1877 in Szene gesetzt werden konnte. Bereits ein Jahr früher hatte sich Dr. med. *G. A. Fischer* aus Barmen nach Sansibar begeben, um für das Denhardt'sche Unternehmen dort vorbereitend zu wirken. Er benutzte die Zeit bis zur Ankunft *Denhardt's* 1878, zu einer Exkursion in die südlichen Galla-Länder und in das Land Wito, dessen Sultan sich nach *Richard Brenner's* Berichten stets deutschfreundlich bewiesen und dem Preussischen Auswärtigen Amte selbst die Oberhoheit über sein Gebiet angetragen haben sollte. Ueber diese *Fischer*'sche Reise ist ausführlich seitens des Reisenden in den Mittheilungen unserer Gesellschaft 1876—77 berichtet worden. — *Denhardt*, welcher Hamburg am 19. Dezember 1877 verlassen hatte, traf im Mai 1878 in Sansibar ein. Nach einigen vorbereitenden Exkursionen an der Sansibar-Küste lenkten *Denhardt* und *Fischer* ihre Schritte gen Norden an den Tana-Fluss, verfolgten denselben aufwärts bis Massa und kehrten im Dezember 1878, durch Krankheit und allerlei sonstige Verhältnisse gezwungen, nach Sansibar zurück. Während sich nun *Denhardt* im Juni 1879 zur Rückkehr nach Deutschland anschickte, liess sich *Fischer* in Sansibar nieder, wo er 3½ Jahre als praktischer Arzt und Naturforscher ausserordentlich segensreich gewirkt hat. Am 1. Oktober 1882 gab *Fischer* seine einträgliche Stellung in Sansibar auf, um den lang gehegten und während fünf Jahren verfolgten Plan einer grösseren Entdeckungsreise in das äquatoriale Ost-Afrika zur Ausführung zu bringen. Er proponirte uns bereits unterm 4. Mai 1882, seine Expedition zu einer speziell hamburgischen machen zu wollen, wenn ihm ein Zuschuss von ℳ. 15 000 zu seinen eigenen Mitteln zur Verfügung gestellt würde.

Aufrichtig erfreut über dies Anerbieten, erachteten wir es für unsere Pflicht, die Verwirklichung der von Dr. *Fischer* geplanten Expedition zu erstreben. Es gereichte uns zu einer ganz besonderen Freude, unserer Gesellschaft in ihrer Sitzung vom 5. Oktober 1882 mittheilen zu können, dass es uns gelungen sei, mit Hülfe der Averhoff'schen Stiftung und durch freiwillige Beiträge einiger Freunde und Mitglieder der Geographischen Gesellschaft die Summe von ℳ 15 200 zusammenzubringen, und dass wir beauftragt seien, diese Summe unserer Gesellschaft unter der Bedingung als Geschenk anzubieten, dass sie die geplante Fischer'sche Expedition in das Massai-Land zu der ihrigen mache.

Es war selbstverständlich, dass dieses reiche Geschenk dankbar acceptirt wurde.

Am 30. Dezember 1882 trat *Fischer* seine Reise von Pangani aus an und durchquerte als erster Europäer das Land der als räuberisch und blutgierig verschrieenen Massai. Mit kleinen Mitteln, verschwindend gegenüber denjenigen des ihm kurz darauf folgenden Engländers *Joseph Thomson* und den heutzutage für Forschungsreisen in Ost-Afrika aufgewendeten, erreichte er den Naiwascha-See und kehrte, durch das feindliche Auftreten der Massai gezwungen, ebenfalls auf früher unbekannten Wegen nach Pangani zurück. Der Bericht über diese wichtige Reise und über die heimgebrachten, unseren hamburgischen Museen einverleibten naturwissenschaftlichen und ethnographischen Sammlungen, befindet sich im Jahrgang 1882—83 der »Mittheilungen« unserer Gesellschaft abgedruckt. Diverse Spezial-Abhandlungen über die reiche zoologische Ausbeute, zumal über die ornithologische, sind an anderen Orten, so in den »Abhandlungen der wissenschaftlichen Anstalten Hamburg's« und in der »Zeitschrift für die gesammte Ornithologie« publizirt worden.

Im November 1883 von der gefahrvollen Massai-Reise nach Deutschland zurückgekehrt, widmete sich *Fischer* in Berlin und Hamburg der Bearbeitung seiner Sammlungen und Erfahrungen, und als die Wogen deutscher kolonialpolitischer Bestrebungen einen gefährlichen Charakter annahmen und ein klares Denken und eine nüchterne Auffassung der Verhältnisse von der Tagesordnung gestrichen zu sein schienen, da hielt *Fischer* auf dem 5. Deutschen Geographentag in Hamburg den bekannten zündenden Vortrag gegen die Verwendung des Europäers im tropischen Afrika und liess wenige Tage darauf sein Rezept gegen das bedenklich grassirende Afrikafieber, betitelt: »Mehr Licht im dunklen Welttheil« der Offentlichkeit übergeben. Diese Aufsehen erregende Schrift, welche, um mit den Worten eines unserer berühmtesten Geographen zu reden, wie ein kalter Wasserstrahl auf die unverständigen Afrikawüthigen, die in dem dunklen Erdtheil schon damals alles Heil für das Noth leidende Europa erblicken zu müssen glaubten, wirkte, ist weit mehr besprochen, als wirklich gelesen worden. »Das tropische Afrika ist und bleibt vorerst mehr oder weniger eine Todtenkammer für den Europäer! Die gesunden Gebiete Zentral-Afrika's sind die unfruchtbaren und die fruchtbaren sind die ungesunden! Nur in der Plantagenwirthschaft beruht die Zukunft und in der unerschöpflichen Arbeitskraft des Negers, der Schatz Zentral-Afrika's!« In diesen wenigen Sätzen ist uns von *Fischer* ein mit seinem Tode besiegeltes Vermächtniss hinterlassen worden. Ob es nicht zu pessimistisch gedacht, ob nicht in der That z. B. im Uhehe-Gebiet Deutsch-Ostafrika's, wie neuerdings von *v. Schele*, *Prince*, *Liebert*, *Arning* und *Glauning* übereinstimmend berichtet, dennoch ein Ansiedelungsgebiet für deutsche Landwirthe zu finden ist, das wird hoffentlich die allernächste Zukunft lehren. Unter allen Umständen bleibt unserem Reisenden das Verdienst, vor Uebereilung gewarnt und dadurch vor unabsehbarem Unglück bewahrt zu haben.

Es ist bekannt, dass *Fischer* im April 1885 an das Wagestück herantrat, die seit Jahren verschollenen Dr. *Wilhelm Junker*, Dr. *Emin Bey* und *Casati* in der ägyptischen Aequatorialprovinz aufzusuchen und wenn möglich zu befreien. Es lebt auch in Aller Erinnerung, dass *Fischer* im September 1886 ohne Dr. *Junker* nach seiner Heimath zurückkehren und bald darauf, am 11. November 1886, im Alter von 38 Jahren einem tropischen Fieberanfall plötzlich erliegen musste. Eine Ironie des Schicksals war es, dass *Fischer*, der gegen alle Gefahren des tropischen Klimas gestählt zu sein schien, seinen Folgen erliegen musste bevor der wohlbehalten heimkehrende Dr. *Junker* ihm die dankende Hand gereicht.

Heute, wo die von *Fischer* durchzogenen Gebiete in die Deutsche und Englische Interessensphäre hineingezogen sind, will man an ein gänzlich schuldloses Misslingen früherer Unternehmungen in Folge feindseliger Haltung der Eingeborenen kaum mehr glauben. Umsomehr möchten wir zur Charakteristik der damaligen Lage und der Schwierigkeit der *Fischer*'schen Mission, zu der auch unsere Gesellschaft pekuniär beigesteuert, einen bisher unedirten Brief *Junker's*[1]) an *Fischer*, datirt: »Buganda, Englische Mission, 10. Juli 1886« bei dieser Gelegenheit der Oeffentlichkeit übergeben. Derselbe lautet:

»Hochgeschätzter Herr Doktor! Sollten über kurz oder lang diese Zeilen Ihnen zu Händen kommen, so mögen sie Ihnen vor allen Dingen meinen wärmsten Dank aussprechen für ihr begonnenes Unternehmen unseren Irrwegen im »dunkeln Kontinente« muthvoll nachzuspüren. Volle Unkenntniss über den Ausgang der Dinge im Sudan und die Hoffnung, dass endlich doch ein Dampfer aus Chartum nach Ladó kommen würde, veranlasste mich mit der Rückreise über Buganda nach Sansibar zu zaudern. Im Februar dieses Jahres erfuhr ich in Unjóro, dass Sie in Usukuma angekommen seien, jedoch nicht die Erlaubniss hierher zu kommen, erhalten hätten und östlich um den Victoria Nyansa nordwärts gezogen seien, um die Stationen *Emin Bey's* zu erreichen. Ich wünsche aus vollem Herzen, dass Ihnen dieses Unternehmen gelingen möge. Ihr Erscheinen in den Stationen *Emin*

---

[1]) Dieser uns von Junker geschenkte Brief, ist adressirt an Dr. Fischer via Mruli-Lango? Er ist, nachdem er auf Gott weiss welchen Wegen im Herzen Afrika's umhergeirrt, mit der Briefsendung Emin's vom September 1887 als unbestellbar an Dr. W. Junker in Wien zurückgelangt.

Bey's würde ein enormes Verdienst sein und der zaghaften Mannschaft neuen Muth einflössen. Ich bedauere nur, dass ich zu spät nach Buganda kam und unsere Wege wieder auseinander gingen. Vielleicht hätte Ihnen meine Erfahrung in den nördlich gelegenen Ländern etwas genützt. Ob Sie wohl das Land der Lango (A. Kidi) durchzogen haben!? Ein böser, kriegerischer Stamm! Aus dem Gebiete der friedlicheren am Victoria-Nil lebenden Lango kommen Sie westwärts in der Gegend der alten Station Mruli auf *Kabrega's* Gebiet, wo nichts zu fürchten ist, da *Kabrega* mit *Emin Bey* in gutem Einvernehmen steht und gegenwärtig *Casati* dort weilt. — Nördlich in den Gebieten der Nachfolger *Rionga's*, bei Kamissoa und Aufina ist ein friedlicher Durchgang viel wahrscheinlicher, als bei den östlich des Victoria-Nil lebenden Lango. — Hoffentlich ist Ihnen Ihr schweres Unternehmen geglückt und würden Sie dann wahrscheinlich in der Station Fatiko ausmünden. Da *Casati* bei *Kabrega* weilt, so mache ich den sehr zweifelhaften Versuch Ihnen diese Zeilen durch *Kabrega's* Vermittelung und durch Lango-Leute, deren er viele in seinen Diensten hat, zuzustellen. Einen zweiten Brief für Sie lege ich den Zeilen an *Emin Bey* bei. Möge dieser zweite Brief Sie eines Tages wohlerhalten in Wadelay begrüssen. Sollten Sie vielleicht für mich bestimmte Dinge mit sich führen, so bitte ich Sie freundlichst dasjenige, dessen Sie nicht für sich bedürfen, *Emin Bey* und *Casati* überlassen zu wollen. Wir leben hier in Buganda in einer bösen Zeit. Die Grausamkeiten des Königs nehmen kein Ende und hat er seit dem letzten Jahre eine Neger-Christenhetze in Szene gesetzt. Im März d. J. unternahmen die Waganda einen Kriegszug nach Unjóro und kamen mit blauem Auge davon. Wir haben hier die Erlaubniss ausgewirkt für *Emin Bey* und seine Leute das Nöthigste nach Wadelay zu schicken und stehen 20 Ballen Stoff zur Absendung bereit. Ich erhielt für mich die Erlaubniss abzureisen und gehe hoffentlich in wenigen Tagen nach Usukuma. Nochmals bitte ich neben meinen besten Grüssen auch den wärmsten Dank entgegen nehmen zu wollen. Mit voller Hochachtung ganz ergebenst Ihr Dr. *Junker.*«

Als im Jahre 1882—83 die kolonialpolitischen Bestrebungen auch ihr Augenmerk auf Argentinien, Paraguay und Süd-Brasilien in intensiver Weise zu richten begannen, schien unserem Vorstande erwünscht, ein vorurtheilsfreies und sachgemässes Urtheil über die Kolonisationsfähigkeit Paraguays durch Entsendung eines tüchtigen Geographen an Ort und Stelle herbeizuführen. Er betraute am 7. Juni 1883 laut Beschluss der Gesellschaft den damaligen Oberlehrer des hiesigen Realgymnasiums, Herrn Dr. *Hugo Toeppen* mit dieser

Aufgabe und hatte die grosse Freude, im Jahrgange 1884 unserer Mittheilungen unter dem Titel »Hundert Tage in Paraguay« einen 264 Seiten umfassenden Reisebericht publiziren zu können, welcher in allen Fachkreisen Anerkennung gefunden und heute noch als die beste und zuverlässigste Beschreibung Paraguays gilt.

Ungefähr zu gleicher Zeit wandte sich der bekannte Linguist und Afrika-Forscher *Gottlob Adolph Krause* an unseren Vorstand mit der Bitte einer pekuniären Unterstützung seiner projektirten Reise in's Nigergebiet West-Afrika's. Die Unterstützung ist ihm geworden, irgend ein direkter Nutzen für unsere Gesellschaft aber nicht daraus entsprungen.

Dasselbe, was ich oben hinsichtlich des aequatorialen Ost-Afrika's gesagt: »dass es, was Handels- und wissenschaftliche Bestrebungen anlangt, recht eigentlich von jeher eine deutsche Domäne gewesen«, gilt auch von der einst im Besitz der Augsburger Welser gewesenen Venezolanischen Republik Süd-Amerika's. Denn wenngleich das berühmte Werk des Italieners *Agostin Codazzi*: »Resumen de la Geografia de Venezuela« mit dem dazu gehörigen, in Paris 1841 publizirten Atlas, noch heute die Grundlage unserer Kenntniss des räumlich grössten Theiles Venezuelas bildet, so sind doch die wichtigsten, dem heutigen Stande der Forschungen entsprechenden wissenschaftlichen Reisen und Arbeiten von Deutschen ausgeführt worden. Kein Geringerer als *Alexander v. Humboldt* war es, der zuerst 1799 den Osten des Landes unserer Kenntniss erschloss. Ihm folgten *H. Karsten* 1849—52, *A. Sachs* 1876—77, *Anton Goering*, *Appun*, *Jahn* 1887, *Ludwig* 1893 und *Wilhelm Sievers* 1884—86 und 1892—93. Letztgenanntem Reisenden, den wir den unsrigen zu nennen uns freuen dürfen, verdanken wir hinsichtlich unserer wissenschaftlichen Kenntniss von Venezuela mehr, als allen vorgenannten Forschern zusammengenommen. Er trat im Oktober 1884 mit Unterstützung unserer Gesellschaft seine erste Reise nach Venezuela an und widmete ein volles Jahr der Erforschung der Cordillere von Mérida. Seinem Eifer verdanken wir die in unseren Mittheilungen 1884, 85 und 86 publizirten ausführlichen Reiseberichte, sowie das Material zu einer ebenda publizirten Originalkarte der Venezolanischen Cordillere. Auch die unter dem Titel »Die Cordillere von Mérida« als das erste Heft des 3. Bandes der Penck'schen geographischen Abhandlungen herausgegebene Arbeit, welche *v. Richthofen* als ein inhaltsreiches Quellenwerk für die physische Geographie von Venezuela bezeichnet, sowie die hier am Platze 1888 erschienene Monographie »Venezuela« sind eine Frucht dieser Reise. Durch sie ermuthigt, liess sich im April 1892 zwischen unserer Gesellschaft und Dr. *Sievers* ein zweiter Vertrag vereinbaren, demzufolge *Sievers* diejenigen Theile Nord-Venezuelas zu bereisen unternahm, welche er 1884—85 nicht hatte kennen lernen können. Für diese Reise hat unsere Gesellschaft ℳ. 10 000 gezahlt und als Aequivalent das Eigenthumsrecht an den wissenschaftlichen Ergebnissen erworben. Sie ist trotz unerwarteter kriegerischer Ereignisse glücklich in der Zeit vom 30. Juli 1892 bis 23. April 1893 durchgeführt worden. Ihre wissenschaftlichen Ergebnisse, insoweit sie Einzeluntersuchungen und die kartographische Darstellung des Gebirgslandes zwischen Coro und Trinidad betreffen, bilden den werthvollen Inhalt des 1896 erschienenen XII. Bandes unserer Mittheilungen. Auf die Herausgabe weiterer *Sievers*'scher Karten zur physikalischen Geographie von Venezuela glaubten wir zu Gunsten von Petermann's Mittheilungen verzichten zu sollen, die solche im 6., 7. und 9. Heft des Jahrgangs 1896 der Oeffentlichkeit übergeben haben.

Gleichzeitig mit *Sievers* haben wir unserem Mitgliede Dr. *Carl Gottsche* zum Zwecke geologischer Aufnahmen in Schlewig-Holstein und den angrenzenden Gebieten eine pekuniäre Beihülfe von ℳ. 2400 gewähren können. Seine Aufgabe zerfiel in die Festlegung:

1. des Vorkommens von Endmoränen und deren Verlauf;
2. der westlichen Grenze der zweiten Vereisung, bezw. des oberen Geschiebemergels;
3. der horizontalen und vertikalen Verbreitung der norwegischen Geschiebe;
4. der Stellung der marinen Gebilde in der Schichtenfolge unseres Diluviums und daran anknüpfend
5. des Alters des westlichen Geest-Randes,

lauter Fragen von höchstem Interesse für die Heimathskunde und Geographie im weiteren Sinne. Die Untersuchungen *Gottsche's* haben auf 220 km eine Endmoränenkette im Osten der cimbrischen Halbinsel, ferner eine unerwartete Verbreitung mariner Diluvial-Ablagerungen ergeben, sowie mit grosser Wahrscheinlichkeit das Alter des Geestrandes, jener bemerkenswerthen Grenze zwischen Diluvium und Alluvium, in die Tertiärzeit zurückversetzt. *Gottsche's* Resultate in Betreff der Endmoränen Schleswig-Holstein's nebst instruktiver Karte und Abbildungen, haben im XIII. Bande unserer Mittheilungen veröffentlicht werden können, diejenigen, welche das marine Diluvium angehen, erscheinen in diesem Bande.

Anfang 1895 hatten wir sodann Gelegenheit einem Unternehmen mit ℳ. 2500 Vorschub zu leisten, welches wenngleich in erster Linie archäologisch-linguistische Zwecke verfolgend, doch durch die Qualifikation der Betheiligten auch für die faktische Geographie unser Interesse beanspruchen musste. Es ist dies die von unserem Landsmann, dem Privatdozenten an der Universität Berlin, Dr. *Carl Lehmann* zusammen mit Dr. *Waldemar Belck*, (zur Zeit Fabrikdirektor in Weilburg) für 1896 geplant gewesene Forschungsreise nach Armenien. Seinen unmittelbaren Ursprung hat der Reiseplan in den von Dr. *Belck* während eines dreijährigen (1888—91) Aufenhaltes im sagen- und ruinenreichen Armenien angestellten prähistorischen Forschungen, aus welchen Dr. *Lehmann* ungeahnte historische Aufschlüsse zu entziffern vermochte, gefunden. Leider haben die Unruhen der letzten Jahre in Armenien die Verwirklichung der Reise in's Unbestimmte hinausgeschoben.

Schliesslich habe ich in meiner Aufzählung der seitens unserer Gesellschaft gewährten materiellen Unterstützung wissenschaftlicher Bestrebungen einer Beihülfe zu der 1892 von Dr. *Michaelsen* in Hamburg ausgeführten Magalhaensischen Sammelreise, sowie zu den von Herrn *Max Friederichsen* im Anschluss an den Internationalen Geologen-Kongress 1897 gemachten Reisen in den Ural, Kaukasus und Armenien Erwähnung zu thun. Für wissenschaftliche Expeditionen und Förderung wissenschaftlicher Arbeiten sind im Ganzen *M.* 55652,50 verausgabt worden, i. e. 31,6 % unserer Gesammt-Einnahme der Jahre 1873—1897 (ca. *M.* 176000).

Was die in unseren Statuten vorgeschriebenen Publikationen anlangt, so verweise ich auf das im Anhange gegebene Verzeichniss derselben nebst Inhalt. Den für die Jahre 1873—75 geltenden beiden Jahresberichte sind seit 1876 »Mittheilungen der Geographischen Gesellschaft in Hamburg« in zwangloser Weise gefolgt. Dieser Aenderung lag der Gedanke zu Grunde, in Zukunft den Schwestergesellschaften und den nach verwandten Zielen strebenden Vereinen ein Tauschobjekt zu bieten, welches weniger Gewicht legt auf die detaillirten Berichte der Sitzungen und inneren Angelegenheiten unserer Gesellschaft, als auf die Publikation uns werthvoll erschienener Original-Abhandlungen unserer Mitglieder und Freunde. In diese Reihe sind als selbständiger Band die interessanten und werthvollen Briefe Ludwig Leichhardt's, herausgegeben von Dr. *Georg Neumayer* und *Otto Leichhardt* (dem Neffen Ludwig Leichhardt's), eingefügt worden. Wir haben insgesammt für unsere Publikationen in dem verflossenen Vierteljahrhundert *M.* 56282,85 verausgabt, i. e. 32 % der Gesammt-Einnahme (ca. *M.* 176000). Ob ihr Inhalt diese Ausgabe rechtfertigt, mögen Andere beurtheilen.

Wenn auch Zahlen nicht beweisen, so zeigen sie doch wie regiert worden ist! Von diesem Gesichtspunkte aus sei hier noch eingeschaltet, dass nach Abzug der für wissenschaftliche Reisen (M. 55 652,50) und für unsere Publikationen (M. 56 282,85) verausgabten M. 111 935,35, sowie des am Schlusse des Jahres 1897 vorhanden gewesenen Kapital-Vermögens (M. 15 000) die Summe von ca. M. 49 000 verbleibt, mit welchen während 25 Jahren sämmtliche Verwaltungs-Unkosten bestritten worden sind, das heisst im Durchschnitt pro Jahr M. 1960.

Legen wir uns am Schlusse unseres Rückblicks die Frage vor, ob die Errichtung unserer Gesellschaft gerechtfertigt gewesen und ob den Erwartungen, die man an sie geknüpft, entsprochen worden ist, so glauben wir, mit Ja antworten zu sollen. Denn wir haben in der That uns nicht nur bestrebt die geographische Wissenschaft zu fördern und das Interesse für dieselbe zu beleben, sondern wir haben es unseren Kräften entsprechend auch erreicht. Hat man uns überschätzt, nun dann darf dies uns nicht zur Last fallen.

Anhang.

I.

Die Präsidenten der Geographischen Gesellschaft.

Präsident: Bürgermeister Dr. **G. H. Kirchenpauer**, gewählt am 6. März 1873, gestorben am 3. März 1887.

Präsident: Senator **A. F. Hertz**, gewählt am 31. März 1887, legt sein Amt nieder am 28. April 1892.

Präsident: Bürgermeister Dr. **J. G. Mönckeberg**, gewählt am 2. Juni 1892.

Vice-Präsident: Schulrath **G. H. L. Harms**, gewählt am 6. März 1873, legt sein Amt nieder im April 1877. †.

Vice-Präsident: Wirklicher Geheimer Admiralitätsrath Prof. Dr. **G. Neumayer**, gewählt im April 1877, legt sein Amt nieder am 7. März 1889.

Vice-Präsident: Schulrath Prof. Dr. **R. Hoche**, gewählt am 7. März 1889.

II.

Die Sekretäre der Geographischen Gesellschaft.

Erster Sekretär: Kartograph **L. Friederichsen**, gewählt am 6. März 1873.

Zweiter Sekretär: Direktor der Sternwarte **G. Rümker**, gewählt am 6. März 1873, legt sein Amt nieder am 5. März 1885.

Zweiter Sekretär: Direktor Prof. Dr. **K. Friedländer**, gewählt am 5. März 1885, legt sein Amt nieder am 7. März 1889. †.

Zweiter Sekretär: Admiralitätsrath **C. Koldewey**, gewählt am 7. März 1889.

III.
Die Kassirer der Geographischen Gesellschaft.

Ludwig Lippert, gewählt am 6. März 1873, legt sein Amt nieder am 16. Januar 1883.

Adolph Woermann, gewählt am 1. Februar 1883, legt sein Amt nieder am 7. März 1889.

Wilhelm Westendarp, gewählt am 7. März 1889, gestorben am 24. Januar 1897.

Otto E. Westphal, gewählt am 4. März 1897.

IV.
Die Vorstandsmitglieder der Geographischen Gesellschaft.

1. Generalarzt 1. Klasse Dr. **R. Cammerer**, gewählt am 6. November 1884, legt sein Amt nieder am 7. März 1889.
2. **Carl Eggert**, gewählt am 4. März 1875, legt sein Amt nieder am 7. September 1876.
3. Kartograph **L. Friederichsen**, gewählt am 6. März 1873.
4. Direktor Prof. Dr. **K. Friedländer**, gewählt am 10. Mai 1883, legt sein Amt nieder am 7. März 1889. †.
5. **J. C. Godeffroy jr.**, gewählt am 6. März 1873, legt sein Amt nieder am 8. Januar 1880.
6. **Emil Güssefeld**, gewählt am 7. März 1889, legt sein Amt nieder am 6. Februar 1896. †.
7. Schulrath **G. H. L. Harms**, gewählt am 6. März 1873. †.
8. Senator **A. F. Hertz**, gewählt am 6. März 1873 bis 4. März 1875, wieder gewählt am 31. März 1887, legt sein Amt nieder am 28. April 1892.
9. **John Hertz**, gewählt am 5. April 1883, legt sein Amt nieder am 6. November 1884.
10. Schulrath Prof. Dr. **R. Hoche**, gewählt am 6. März 1879.
11. Bürgermeister Dr. **G. H. Kirchenpauer**, gewählt am 6. März 1873. †.
12. Admiralitätsrath **C. Koldewey**, gewählt am 7. März 1889.
13. **Ludwig J. Lippert**, gewählt am 6. März 1873, legt sein Amt nieder am 16. Januar 1883.
14. Bürgermeister Dr. **J. G. Mönckeberg**, gewählt am 2. Juni 1892.
15. Wirklicher Geheimer Admiralitätsrath Prof. Dr. **G. Neumayer**, gewählt am 12. Okt. 1876, legt sein Amt nieder am 7. März 1889.
16. Dr. med. **W. Oehrens**, gewählt am 6. Februar 1896.

17. Direktor **G. Rümker**, gewählt am 6. März 1873, legt sein Amt nieder am 7. März 1889.
18. **Wilhelm Westendarp**, gewählt am 7. März 1889, gestorben am 24. Januar 1897.
19. **Otto E. Westphal**, gewählt am 4. März 1897.
20. **Adolph Woermann**, gewählt am 8. Januar 1880, legt sein Amt nieder am 7. März 1889.

V.

Die Mitglieder des Beiraths der Geographischen Gesellschaft.

1. **G. H. Blohm**, gewählt am 5. März 1891.
2. Generalarzt 1. Klasse Dr. **R. Cammerer**, gewählt am 6. März 1879 bis 6. November 1884.
3. **Carl Eggert**, gewählt am 3. März 1881 bis 5. April 1883.
4. Landgerichtsdirektor Dr. **Föhring**, gewählt am 7. Mai 1896.
5. Direktor Prof. Dr. **K. Friedländer**, gewählt am 6. März 1879 bis 10. Mai 1883.
6. Direktor Prof. Dr. **Genthe**, gewählt am 5. April 1883. †.
7. Dr. **C. Gottsche**, gewählt am 7. März 1889.
8. **Emil Güssefeld**, gewählt am 6. Dez. 1877 bis 7. März 1889. †.
9. **F. J. H. Hansing**, gewählt am 6. Dez. 1877 bis 5. März 1891. †.
10. Konsul **F. Hernsheim**, gewählt am 7. März 1889.
11. **John Hertz**, gewählt am 6. Dez. 1877 bis 5. April 1883.
12. Direktor Prof. **G. Hess** (Altona), gewählt am 5. März 1885 bis 5. März 1891. †.
13. Admiralitätsrath **C. Koldewey**, gewählt am 6. Dezember 1877 bis 7. März 1889.
14. Schulrath **J. L. Mahraun**, gewählt am 10. Oktober 1889.
15. Dr. **O. Matsen**, gewählt am 6. Dez. 1877 — Oktober 1889. †.
16. Dr. **H. Michow**, gewählt am 3. März 1887.
17. Senator **W. Nopitsch** (Altona), gewählt am 6. Dez. 1877. †.
18. Dr. med. **W. Oehrens**, gewählt am 7. März 1889 bis 6. Febr. 1896.
19. Generalkonsul **A. O'Swald**, gewählt am 6. Dez. 1877 bis 1880.
20. Direktor Prof. Dr. **Pagenstecher**, gewählt am 6. Nov. 1884. †.
21. Dr. **Joh. A. Repsold**, gewählt am 1. Febr. 1894.
22. **G. T. Siemssen**, gewählt am 6. Dez. 1877. †.
23. **R. M. Sloman**, gewählt am 6. Dez. 1877 bis 1880.
24. Dr. **Heinr. Traun**, gewählt am 5. März 1891.
25. **W. Westendarp**, gewählt am 5. März 1885 bis 7. März 1889. †.
26. **Otto E. Westphal**, gewählt am 7. März 1889 bis 4. März 1897.
27. Direktor Prof. Dr. **F. Wibel**, gewählt am 6. März 1879 bis 1. Febr. 1894.

28. **Johs. Wiengreen,** gewählt am 4. März 1897.
29. **J. Witt,** gewählt am 5. April 1883.
30. **C. Woermann sen.,** gewählt am 6. Dez. 1877. †.

VI.
Inhaber der Kirchenpauer-Medaille der Geographischen Gesellschaft.

a. *goldene Medaille:*

1. Bürgermeister Dr. **G. H. Kirchenpauer** in Hamburg, verliehen am 6. März 1883. †.
2. Dr. med. **Adolf Fischer** aus Barmen, verliehen am 2. Dez. 1886. †.
3. Wirklicher Geheimer Admiralitätsrath Prof. Dr. **Georg Neumayer** in Hamburg, verliehen am 21. Juni 1896.

b. *silberne Medaille:*

1. Regierungsrath Dr. **Franz Stuhlmann** aus Hamburg, verliehen am 7. März 1895.
2. Prof. Dr. **Wilhelm Sievers** in Giessen, verliehen am 6. März 1898.

VII.
Ehrenmitglieder der Geographischen Gesellschaft.

1. Dr. **Richard Andree** in Braunschweig, gewählt am 1. Mai 1886.
2. Geheimer Regierungsrath Prof. Dr. **Adolph Bastian** in Berlin, gewählt am 7. Mai 1874.
3. Hofrath M. A. Ritter **von Becker** in Wien, gewählt am 4. März 1875. †.
4. Prof. Dr. **Hermann Berghaus** in Gotha, gewählt am 4. März 1875. †.
5. Präsident **Cesare Correnti** in Rom, gewählt am 4. März 1875. †.
6. Geheimer Regierungsrath Prof. Dr. **H. W. Dove** in Berlin, gewählt am 4. März 1875. †.
7. Prof. Dr. **Theobald Fischer** in Marburg, gewählt am 6. März 1898.
8. Prof. Dr. **Ferd. von Hochstetter** in Wien, gewählt am 4. März 1875. †.
9. Dr. **Wilhelm Junker** in St. Petersburg, gewählt am 7. Juni 1888. †.
10. Prof. Dr. **Heinrich Kiepert** in Berlin, gewählt am 4. März 1875.
11. Prof. Dr. **Alfred Kirchhoff** in Halle a. d. S., gewählt am 6. März 1898.
12. Prof. Dr. **Henry Lange** in Berlin, gewählt am 1. Mai 1886. †.
13. Dr. **Gustav Nachtigal** in Berlin, gewählt am 5. Juni 1875. †.
14. Prof. Dr. **Fridtjof Nansen** in Kristiania, gewählt am 3. Dez. 1896.
15. Commendatore Prof. Dr. **Christoforo Negri** in Turin, gewählt am 7. Mai 1874. †.
16. Wirklicher Geheimer Admiralitätsrath Prof. Dr. **Georg Neumayer** in Hamburg, gewählt am 3. Juni 1875.

17. Prof. Dr. **A. E.** Freiherr **von Nordenskiöld** in Stockholm, gewählt am 5. Februar 1880.
18. Kommandeur **L. Palander** in Stockholm, gewählt am 5. Febr. 1880.
19. Dr. **Julius von Payer** in Wien, gewählt am 4. März 1875.
20. Prof. Dr. **Oskar Peschel** in Leipzig, gewählt am 4. März 1875. †.
21. Prof. Dr. **August Petermann** in Gotha, gewählt am 4. März 1875. †.
22. Prof. Dr. **Friedrich Ratzel** in Leipzig, gewählt am 6. März 1898.
23. Geheimer Regierungsrath Prof. Dr. **Ferdinand** Freiherr **von Richthofen** in Berlin, gewählt am 7. Mai 1874.
24. Generalkonsul Dr. **Gerhard Rohlfs** in Weimar, gewählt am 4. März 1875. †.
25. Prof. Dr. **Sophus Ruge** in Dresden, gewählt am 6. März 1898.
26. Prof. Dr. **Georg Schweinfurth** in Cairo, gewählt am 4. März 1875.
27. **Henry M. Stanley** in London, gewählt am 7. Febr. 1878.
28. Prof. Dr. **Alexander Supan** in Gotha, gewählt am 6. März 1898.
29. Geheimer Regierungsrath Prof. Dr. **Herm. Wagner** in Göttingen, gewählt am 6. März 1898.
30. K. K. Linienschiffslieutenant **Carl Weyprecht** in Wien, gewählt am 4. März 1875. †.
31. K. K. Wirklicher Geheimrath **Hans** Graf **von Wilczek,** Excellenz, in Wien, gewählt am 4. März 1875.

VIII.

Korrespondirende Mitglieder der Geographischen Gesellschaft.

1. Prof. Dr. **H. Burmeister** in Buenos Aires, gewählt am 7. Okt. 1875. †.
2. Prof. Dr. **Emil Cohen** in Greifswald, gewählt am 9. Sept. 1875.
3. Prof. Dr. **Guido Cora** in Rom, gewählt am 6. Dez. 1894.
4. Kartograph **Ernst Debes** in Leipzig, gewählt am 1. Mai 1886.
5. Direktor Dr. **A. Ernst** in Caracas, gewählt am 8. Juni 1888.
6. **Ed. Robert Flegel** aus Riga, gewählt am 4. Okt. 1883. †.
7. Generalkonsul **Ernst von Hesse-Wartegg** in Tribschen bei Luzern, gewählt am 4. Dez. 1879.
8. **Herm. von Holten** in Cochabamba (Bolivien), gewählt am 5. Jan. 1882.
9. Konsul **Richard Keller** in Paris, gewählt am 6. Nov. 1884.
10. **Joh. Kubary** aus Warschau, gewählt am 9. Sept. 1875. †.
11. **Léonce Richard** in Bordeaux, gewählt am 9. Sept. 1875.
12. **John J. Shillinglaw** in Melbourne, gewählt am 1. April 1880.

IX.
Zahl der wirklichen Mitglieder der Geographischen Gesellschaft in Hamburg.

Jahr	Wirkliche Mitglieder	Jahr	Wirkliche Mitglieder	Jahr	Wirkliche Mitglieder
1873	192	1882	400	1891	555
1874	315	1883	411	1892	549
1875	349	1884	445	1893	556
1876	373	1885	498	1894	542
1877	373	1886	486	1895	533
1878	383	1887	466	1896	517
1879	390	1888	468	1897	538
1880	391	1889	488	1898	583
1881	394	1890	545	(6. März)	

X.
Inhalt der Publikationen der Geographischen Gesellschaft in Hamburg.

1. Erster Jahresbericht 1873—74.

Einleitung. Rechenschaftsbericht.
Statuten der Geographischen Gesellschaft in Hamburg.
Mitgliederliste, 31. März 1874.
Sitzungsberichte vom 6. März 1873 — 5. März 1874.

2. Zweiter Jahresbericht 1874—75.

Einleitung. Rechenschaftsbericht.
Mitgliederliste.
Sitzungsberichte vom 9. April 1874 — 4. März 1875.
Rohlfs, Gerhard, Dr.: Zustände in Berberien.
Cohen, E. Dr.: Erläuternde Bemerkungen zu der Routenkarte einer Reise von Lydenburg nach den Goldfeldern und von Lydenburg nach der Delagoa-Bai im östlichen Afrika.

Tafeln:

1. **Schück, A.**: Karte der Wege des Oceans für Segelschiffe.
2. **Kubary, J.**: Plan der Ruinen von Nanmatal auf der Insel Ponapé.
3. **Friederichsen, L.**: Karte von Lydenburg nach den Goldfeldern und von Lydenburg nach der Delagoa-Bai, aufgenommen von Dr. **E. Cohen.**
4. **Friederichsen, L.**: Plan des Hafens von Marca (Ost-Afrika).

3. Mittheilungen der Geographischen Gesellschaft in Hamburg 1876—77.

Holtermann, C. A.: Die deutsche Kolonie Dona Francisca in Brasilien in historisch-statistischer Beziehung.

Repsold, J. G.: Die Mangues von Santos.

Holten, Herm. von: Die Flüsse Bolivien's und deren Nutzbarkeit für den inneren Verkehr.

Friederichsen, L.: Zur Kartographie der Republik Costa Rica in Central-Amerika.

Ascherson, Paul: Reisenach der kleinen Oase in der Libyschen Wüste im Frühjahr 1876.

Schrader, Herm.: Ueber Schliemann's trojanische Ausgrabungen.

Reitz, F. H.: Ein für das Königl. Preussiche geodätische Institut der europäischen Gradmessung ausgeführter Fluthapparat.

Buchner, Max. Dr.: Eine Reise durch den Stillen Ozean.

Pfund, J. Dr.: Reisebriefe aus Kordofan und Dar-Fur, redigirt von **L. Friederichsen.**

Nachtigal, G. Dr.: Handel im Sudan.

Lippert, E.: Die Diamantfelder Südafrika's.

Friederichsen, L.: Die Duke-of-York Inselgruppe.

Fischer, G. A. Dr.: Ueber die jetzigen Verhältnisse im südlichen Galla-Lande und Wito.

Sitzungsberichte vom 1. April 1875 bis Ende 1877.

Tafeln:

1. Portrait Dr. J. Pfund's.
2. Karte der Kolonie Dona Francisca.
3. Der Reitz'sche Fluthapparat.
4. Plan der Kimberley-Mine in Süd-Afrika.
5. Ansicht der Diamant-Mine von Kimberley.
6. Ansicht der Stadt Kimberley 1877.
7. **Friederichsen, L.**: Karte der Duke-of-York Inselgruppe.

4. Mittheilungen der Geographischen Gesellschaft in Hamburg 1878–79.

Fischer, G. A. Dr.: Das Wapokomo-Land und seine Bewohner.

Woermann, A.: Kultur-Bestrebungen in West-Afrika.

Hübbe-Schleiden, D. J. U.: Kulturfähigkeit der Neger.

Ascherson, P. Prof. Dr.: Einige Bemerkungen zu Dr. Pfund's Reise-briefen.

Sieglerschmidt, Herm. Dr.: Der Golfstrom und der Weg in das Polarmeer.

Bericht über die Verhandlungen und die Ergebnisse der internationalen Polar-Konferenz, abgehalten in Hamburg vom 1.—15. Okt. 1879.
Robertson, W.: Eine Exkursion nach Island im Sommer 1879.
Friederichsen, L.: Der geographische Standpunkt Afrika's Ende 1879.
Westendarp, W.: Das Gebiet der Elephanten und der Elfenbein-Reichthum Indien's und Afrika's.
Eggert, C.: Die Oroya-Eisenbahn in Peru.
Eggert, C.: Arthur Werthemann's Reisen im Innern Peru's.
Kubary, J.: Die Bewohner der Mortlock-Inseln (Karolinen-Archipel).
Flegel, Ed. Robert: Städtebilder aus West-Afrika.
Sitzungsberichte vom 1. Jan. 1878 bis ultimo Dez. 1879.

Tafeln:

1. **Friederichsen, L.**: Karte zur Veranschaulichung der Oroya-Eisenbahn in Peru und der Flüsse Perené und Tambo.
2. **Friederichsen, L.**: Karte der Mortlock-Inseln.
3. Porträt J. Kubary's und der 3 Häuptlinge der Insel Tä (Mortlock-Inseln).
4. Porträt der Tochter des Oberhäuptlings der Insel Tä.
5. **Flegel, Ed. Robert**: Haartrachten aus Korórofa.
6. » » Mitschi-Haartrachten und ethnogr. Gegenstände der Djukus.
7. **Flegel, Ed. Robert**: Ethnographische Gegenstände der Djukus.

5. Dr. Ludwig Leichhardt's Briefe an seine Angehörige.

Herausgegeben im Auftrage der Geographischen Gesellschaft in Hamburg von Dr. **G. Neumayer** und **Otto Leichhardt**. Mit einem Anhange: Dr. Ludwig Leichhardt als Naturforscher und Entdeckungsreisender von Dr. **G. Neumayer.** Mit einem Porträt Dr. Leichhardt's und einer Karte von Australien, gezeichnet von **L. Friederichsen,** 1881.

6. Mittheilungen der Geographischen Gesellschaft in Hamburg 1880-81.

Classen, J. Dr.: Mittheilungen von einem Besuch in Olympia.
Hertz, John E.: Ueber Verwendung und Verbreitung der Kauriemuschel.
Woermann, A.: Ueber Tauschhandel in Afrika.
Crüger, C. Dr.: Die Einführung der Chinakultur in Britisch-Indien und deren Ergebnisse.
Crüger, C. Dr.: Die Cocakultur in Peru.
Köppen, W. Dr.: Die Zugstrassen der barometrischen Minima in Europa und auf dem Nordatlantischen Ozean und ihr Einfluss auf Wind und Wetter bei uns.

Pauli, F. W. Dr.: Die Insel Chios in geographischer, geologischer, ethnologischer und kommerzieller Hinsicht.

Hertz, John E.: Die Kolanuss.

Müller-Beeck, F. G.: Kiyôto.

Sieglerschmidt, H. Dr.: Ueberblick über die Ergebnisse der Nordpol-Expeditionen unseres Jahrhunderts.

Flegel, Ed. Robert: Westafrikanische Scenerien.

Sitzungsberichte vom 1. Jan. 1880 bis ult. Dez. 1881.

Tafeln:

1. Plan der Ausgrabungen von Olympia.
2. Karte des Nigergebiets zur Veranschaulichung des Gebiets, in welchem Kauriemuscheln als Zahlmittel gebraucht werden.
3. **Köppen, W.** Dr.: Karte zur Veranschaulichung der Häufigkeit und mittleren Zugstrassen der barometrischen Minima.
4. **Flegel, Ed. Robert**: Ethnographische Gegenstände vom Niger-Benuë-Gebiet.

7. Mittheilungen der Geographischen Gesellschaft in Hamburg 1882-83.

Toeppen, Hugo Dr.: Corsica.

Müller-Beeck, F. G.: Der Seeverkehr der Chinesen im malayischen Archipel vor 1500.

Fischer, G. A. Dr. med.: Bericht über die im Auftrage der Geographischen Gesellschaft in Hamburg unternommene Reise in das Massai-Land.

I. Allgemeiner Bericht.

II. Begleitworte zur Original-Routenkarte.

III. Wissenschaftliche Sammlungen:

A. Untersuchung der gesammelten Gesteine des Massai-Landes, von Dr. **O. Mügge.**

B. Vorläufiger Bericht über das Herbarium, von Prof. Dr. **H. G. Reichenbach.**

C. Zoologische Sammlungen.

a. Verzeichniss d. Säugethiere, v. Dr. **H. A. Pagenstecher.**

b. Verzeichniss der Vögel, von Dr. **G. A. Fischer.**

c. Verzeichniss der Reptilien, Amphibien und Fische, von Dr. **J. G. Fischer.**

d. Verzeichniss der Insekten von Prof. Dr. **A. Gerstäcker.**

e. Verzeichniss der Tausendfüsse und Spinnenthiere, von Dr. **Karsch.**

D. Dr. G. A. Fischer's ethnogr. Sammlung aus Ost-Afrika.

Michow, H. Dr.: Die ältesten Karten von Russland, mit 3 Karten und einer in den Text gedruckten Kartenskizze. — Beilage: Pauli Jovii nouocomensis libellus de legatione Basilii magni Principis Moschouiae ad Clementem VII. Pont. Max. in qua situs Regionis antiquis incognitus, religio gentis, mores, et causae legationis fidelissime referuntur 1525.

Sitzungsberichte vom 1. Jan. 1882 bis ult. Dez. 1883.

Tafeln:

1. Moscovia aus Seb. Münster's Kosmographie 1544.
2. Moscovia des Anton Wied 1555.
3. Moscovia des Battista Agnese 1525.

4—6. Ethnographische Gegenstände aus dem Massai-Lande.

7. **Friederichsen, L.**: Routenkarte der im Auftrage der Geograph. Gesellschaft in Hamburg 1883 von Dr. G. A. Fischer ausgeführten Reise durch das Massai-Land von Pangani bis zum Naiwascha-See.

8. Mittheilungen der Geographischen Gesellschaft in Hamburg 1884.

Toeppen, Hugo. Dr.: Hundert Tage in Paraguay.

Sievers, W. Dr.: Das Erdbeben vom 26. März 1812 an der Nordküste Südamerikas.

Sievers, W. Dr.: Reisebericht aus Venezuela I.

Cordes, Albert.: Dscholtuga oder Neu-Californien.
Bevölkerung der Städte des Amur-Gebiets nach der Zählung von 1884.

Toeppen, Hugo. Dr.: Daniel Campos' vorläufiger Bericht über die bolivianische Expedition nach Paraguay.

Kaiserlicher Schutzbrief für die Neu-Guinea-Kompagnie.

Friederichsen, L.: Flächeninhalts-Berechnungen des unter Verwaltung der Neu-Guinea-Kompagnie gestellten Deutschen Schutzgebietes im westlichen Theile der Südsee.

Sitzungsberichte 1884.

Tafeln:

Toeppen, Hugo.: Kartenskizze von Paraguay.

Friederichsen, L.: Karte des westlichen Theiles der Südsee zur Veranschaulichung des unter Verwaltung der Neu-Guinea-Kompagnie gestellten Deutschen Schutzgebietes (1 : 3 000 000), nebst Spezialkarte der wichtigsten Häfen des Kaiser Wilhelm-Landes und des Bismarck-Archipels.

9. Mittheilungen der Geographischen Gesellschaft in Hamburg 1885—1886.

Sievers, W. Dr.: Reiseberichte aus Venezuela II—VIII.
Sievers, W. Dr.: Venezuela.
Sieveking, J. H.: Central-Asien und die Macht in Indien.
Schultess, Karl. Dr.: Die Nordküste des Golfs von Neapel im Alterthum.
Bötzow. Dr.: Unsere überseeische Auswanderung und die Deutschen im Auslande.
Friederichsen, L.: Dr. med. G. Fischer †. Nekrolog.
Toeppen, Kurt.: Handel und Handelsverbindungen Ost-Afrika's.
Frohberg, M.: Die barometrischen Höhenmessungen des Herrn Dr. W. Sievers in Colombia und Venezuela.
Neumayer, G. Dr.: Dr. Gustav Nachtigal †. Nekrolog.
Zintgraff, E. Dr.: Der untere Congo von Banana bis Vivi und die Bedeutung des Congo für die Erforschung der Hinterländer des deutschen Schutzgebietes Kamerun.
Weisser, J.: Der Bismarck-Archipel und das Kaiser Wilhelms-Land.
Hernsheim, F.: Die Marshall-Inseln.
Sievers, W. Dr.: Bemerkungen zur Original-Routenkarte der Venezolanischen Cordillere. — Census von Venezuela.
Sitzungsberichte 1885 und 1886.

Tafeln:

1. Porträt Dr. G. Adolf Fischer †.
2. Dr. **W. Sievers'** Original-Routenkarte der Venezolanischen Cordillere, bearbeitet und gezeichnet von **L. Friederichsen.**

10. Mittheilungen der Geographischen Gesellschaft in Hamburg 1887—88.

Neumayer, G. Dr.: Gustav Kirchenpauer, Dr. jur. †. Nekrolog.
Brückner, Ed. Dr.: Die Eiszeit in den Alpen.
v. Rijckevorsel, Dr.: Sumatra.
Friederichsen, L.: Ueber die Fortschritte der geographischen Forschung während der Jahre 1883—1888.
Kubary, J. und **Krause, R.**: Ein Beitrag zur Kenntniss der Ruk-Inseln.
Graeffe, E. Dr.: Ueber die Sprache, Sitten und Gebräuche der Samoaner.
Lindemann, E. Dr.: Mittheilungen über Helgoland in topographischer, hygienischer und klimatischer Beziehung.
von Binzer: Die Ueberschwemmungen an der Unterelbe im Frühjahr 1888.
Stuhlmann, Franz. Dr.: Bericht über eine Reise durch Usegua und Ungúu.
Brückner, Ed. Dr.: Grundwasser und Typhus.

Parkinson, R.: Beiträge zur Kenntniss des Deutschen Schutzgebietes in der Südsee.

Lumholtz, Carl: Unter den Australnegern am Herbert River in Nord-Queensland.

Precht, Wilh.: Zur Orientirung über die Nullmeridianfrage.

Sitzungsberichte 1887—1888, redigirt von **H. Michow**.

Tafeln:

1. Porträt Dr. Gustav Kirchenpauer's.
2. Karte des Ruk-Atolls (Nördl. Stiller Ozean).
3. Kartenskizze von Helgoland im Jahre 1845 und im Jahre 1887.
4. Graphische Veranschaulichung des Alters der Bewohner von Helgoland.
5. Plan des Hafens von Parapat (Ost-Afrika).
6. Karte der Deichbrüche und Strömungen im Ueberschwemmungsgebiete der Elbe im Frühjahre 1888.
7. Dr. **F. Stuhlmann's** Original-Routenkarte durch Usegua und Ungúu, bearbeitet und gezeichnet von **L. Friederichsen.**

11. Mittheilungen der Geographischen Gesellschaft in Hamburg 1889—1890.

Precht, W.: Regionalzeit und Weltzeit. Ein Vorschlag zu ihrer Vereinigung.

Schumacher, Herm. A.: El Dorado. Aus der Geschichte der ersten Amerikanischen Entdeckungs-Reisen.

Wendt, G. Prof. Dr.: Auf den Normannischen Inseln.

Arendt, C. Prof.: Peking und die westlichen Berge. Stadt- und Landschaftsbilder aus dem nördlichen China.

Gottsche, C. Dr.: Die Japanischen Frauen.

Precht, W.: Regionalzeit und Weltzeit. Nachtrag.

Warburg, O. Dr.: Die Liukiu-Inseln.

Moritz, B. Dr.: Die Verkehrsverhältnisse in Mesopotamien.

von Hesse-Wartegg, Ernst: Der Colombia und sein Stromgebiet.

Polakowsky, H. Dr.: Geschichte der neuesten Wirren in Mittel-Amerika.

Sitzungsberichte 1889 und 90, redigirt von **H. Michow**.

Tafeln:

1. **Arendt, C.**: Plan von Peking.
2. **Moritz, B.** Dr.: Karte zur Veranschaulichung der Verkehrsverhältnisse in Mesopotamien.

12. Mittheilungen der Geographischen Gesellschaft in Hamburg 1891—92.

Gürich, Georg, Dr.: Deutsch Südwest-Afrika. Reisebilder u. Skizzen aus den Jahren 1888 und 89.

Sievers, W., Dr.: Zur Kenntniss Puerto Rico's.
Sievers, W., Dr.: Das Erdbeben in Venezuela am 28. April 1894.
Petersen, Joh. Dr.: Die Reisen des »Jason« und der »Hertha« in das Antarktische Meer 1893—94 und die wissenschaftlichen Ergebnisse dieser Reisen.
Friederichsen, L.: Begleitworte zur Karte des Dirk Gerritz-Archipels.
Sitzungsberichte 1891 und 92, redigirt von **H. Michow.**

Tafeln:

1. Winddiagramme zur Veranschaulichung der Vertheilung und Häufigkeit der Winde an den Stationen Walfischbai, Otyisewa, Rehoboth und Omaruru.

2 u. 3. Originalkarte der im Auftrage des Deutschen Goldsyndikates in den Jahren 1888—89 in Deutsch Südwest-Afrika unternommenen Reise, von Dr. **Georg Gürich.**

4. Kartenskizze zur Veranschaulichung der Reiseroute des Dr. W. Sievers quer durch Puerto Rico von Arecibo bis Ponce im August 1892. Gezeichnet von **L. Friederichsen.**

5. Karte zur Veranschaulichung der Ausdehnung des Erdbebens vom 28. April 1894 in Venezuela und Columbien. Gezeichnet von **L. Friederichsen.**

6. Dr. W. Sievers' Originalkarte der südlichen Hälfte der Venezolanischen Cordillere zur Veranschaulichung des Schauplatzes des Erdbebens vom 28. April 1894. Bearbeitet und gezeichnet von **L. Friederichsen.**

7. **Friederichsen, L.**: Originalkarte des Dirk Gerritz-Archipels zur Veranschaulichung der wissenschaftlichen Ergebnisse der im Auftrage der Dampfschiffs-Gesellschaft »Oceana« in Hamburg 1893—94 ausgeführten Reisen des Dampfschiffes »Jason«.

13. Mittheilungen der Geographischen Gesellschaft in Hamburg Band XI.

Friederichsen, L.: Der Sechste Internationale Geographen-Kongress in London (26. Juli — 3. August 1895).
Michow, H. Dr.: Die Geographische Ausstellung auf dem Internationalen Geographen-Kongress in London 1895.
Heintze, W.: Eisenbahnen in der Türkei.
Petersen, Joh. Dr.: Die Erforschung des Dirk Gerritz-Archipels. Einige Bemerkungen zu dem Aufsatze: »Das Wiedererwachen der antarktischen Forschung« in Dr. A. Petermann's Mittheilungen 1895, Heft 6.
Markow, Anatol, Dr.: Der zukünftige Handel China's.

Sitzungsberichte 1893, 94 und 95, redigirt von **H. Michow.**
Plan für eine Deutsche Expedition zur Durchforschung der Südpolar-Region.

14. Mittheilungen der Geographischen Gesellschaft in Hamburg Band XII.

Sievers, Wilh. Prof. Dr.: Zweite Reise in Venezuela in den Jahren 1892—93, auf Kosten der Geographischen Gesellschaft in Hamburg ausgeführt.

Tafeln:

Sievers, Wilh. Prof. Dr.: Karte des Venezolanischen Gebirgslandes zwischen Coro- und Trinidad. Nach eigenen Aufnahmen in den Jahren 1884—85 und 1892—93 im Maasstabe von 1 : 1 000 000 bearbeitet und gezeichnet.

15. Mittheilungen der Geographischen Gesellschaft in Hamburg Band XIII.

Gottsche, C. Dr.: Die Endmoränen und das marine Diluvium Schleswig-Holstein's. Theil I.
Dove, K. Dr.: Wissenschaftliche Aufgaben in Südwest-Afrika.
Geiger, Wilh. Prof. Dr.: Ceylon und seine Bewohner.
Baasch, Ernst Dr.: Die Anfänge des modernen Verkehrs Hamburgs mit Vorderindien und Ostasien.
Gottsche, C. Dr.: Die tiefsten Glacialablagerungen der Gegend von Hamburg.
Hartmann, Dr.: Bemerkungen zur Vorläufigen Karte des Koncessionsgebietes der South West Africa Co. Lim.
Sitzungsberichte 1896, redigirt von **H. Michow.**

Tafeln:

1—7. Abbildungen von Blockbestreuungen und Blockpackungen.
8. **Gottsche, C.** Dr.: Uebersichtskarte der Endmoränen Schleswig-Holsteins.
9. Vorläufige Karte des Koncessionsgebietes der South West Africa Co. Lim. Aufgenommen vom Premierlieutenant Dr. **Hartmann,** gezeichnet von **L. Friederichsen.**

16. Mittheilungen der Geographischen Gesellschaft in Hamburg Band XIV.

Friederichsen, L.: Rückblick auf die Gründung und Entwickelung der Geographischen Gesellschaft in Hamburg während der ersten fünfundzwanzig Jahre ihres Bestehens.

Hübbe-Schleiden, Dr.: Indien und die Indier, kulturell, wirthschaftlich und politisch betrachtet.

Friederichsen, Max: Der Südliche und Mittlere Ural. Mit 23 Original-Abbildungen.

Fernow, B. E., Ph. D., L. L. D.: Die Wälder und Wüsten von Arizona.

Jerrmann, Ludw., Capt.: Der Unterlauf des Igatimi und der Gran Salto Guayrá des Alto Paraná. Mit 2 Kartenskizzen.

Gottsche, C. Dr.: Die Endmoränen und das marine Diluvium Schleswig-Holstein's. Theil II. Das marine Diluvium.

Sitzungsberichte 1897, redigirt von **H. Michow.**

Tafeln:

1—14. Ansichten aus dem Ural nach photogr. Original-Aufnahmen von **Max Friederichsen** und **Arssentjew.**

Karte 1: Skizze des Unteren Laufes des Rio Igatimi im Süden der Provinz Matto Grosso (Brasilien). 1 : 376 000. Nach eigenen Beobachtungen und Erkundigungen während seiner Reise 1896 entworfen und gezeichnet von Capt. **Ludw. Jerrmann.**

Karte 2. Skizze vom Gran Salto Guayrá, entworfen von Capt. **Ludw. Jerrmann** 1896.

XI.

Verzeichniss der mit der Geogr. Gesellschaft in Hamburg in Schriftenaustausch stehenden Gesellschaften und Institute.

1. Aarau (Schweiz): Mittelschweizerische Geographisch-Kommerzielle Gesellschaft.
2. Amsterdam (Niederlande): Koninglyk Nederlandsch Aardrykskundig Genootschap.
3. Antwerpen (Belgien): Société Royale de Géographie.
4. Batavia (Java): Bataviaasch Genootschap van Kunsten en Wetenschappen.
5. Berlin: Gesellschaft für Erdkunde.
6. » Geodätisches Institut.
7. » Deutsche Kolonial-Gesellschaft.
8. » Reichsmarine-Amt. Nautische Abtheilung.
9. Bern (Schweiz): Geographische Gesellschaft.
10. Bordeaux (Frankreich): Société de Géographie Commerciale.
11. Bremen: Geographische Gesellschaft.
12. Brüssel (Belgien): Société Royale Belge de Géographie.
13. Budapest: Magyar Földrajzi Társaság (Geogr. Gesellschaft).
14. Buenos Aires (Argentinien): Instituto Geografico Argentino.
15. Bukarest (Rumänien): Societatea Geografica Romȃna.

16. Christiania (Norwegen): Norske Geografiske Selskab.
17. Constantine (Algerien): Société de Géographie.
18. Cordova (Argentinien): Academia nacional de ciencias de la Republica Argentina.
19. Darmstadt: Verein für Erdkunde u. verwandte Wissenschaften.
20. Douai (Frankreich): Union géographique du Nord de la France.
21. Dresden: Verein für Erdkunde.
22. Edinburg (Grossbritannien): Royal Scottish Geographical Society.
23. Florenz (Italien): Società di Studi geografici e coloniali.
24. Frankfurt a. M.: Verein für Geographie und Statistik.
25. Genf (Schweiz): Société de Géographie.
26. Giessen: Gesellschaft für Erd- und Völkerkunde.
27. Greifswald: Geographische Gesellschaft.
28. Guatemala (Central-Amerika): Direccion General de Estadistica.
29. Halle a. d. Saale: Verein für Erdkunde.
30. Hamburg: Deutsche Seewarte.
31. » : Naturwissenschaftlicher Verein.
32. » : Verein für Naturwissenschaftliche Unterhaltung.
33. Hannover: Geographische Gesellschaft.
34. Havre (Frankreich): Société de Géographie commerciale.
35. Helsingfors (Russland): Geografiska Föreningen i Finland.
36. Hermannstadt (Oestr.-Ung.): Siebenbürgischer Karpathen-Verein.
37. Jena: Geographische Gesellschaft (für Thüringen).
38. Igló (Oestr.-Ung.): Ungarischer Karpathen-Verein.
39. Irkutzk (Russisch Sibirien): Kaiserlich Russische Geographische Gesellschaft. Ostsibirische Sektion.
40. Kairo (Aegypten): Société Khédiviale de Géographie.
41. Kiel: Ministerial-Kommission zur Untersuchung der Deutschen Meere.
42. » : Naturwissenschaftlicher Verein für Schleswig-Holstein.
43. Königsberg i. Pr.: Geographische Gesellschaft.
44. » : Physikalisch-ökonomische Gesellschaft.
45. Kopenhagen (Dänemark): Det Kongelige Danske geografiske Selskab.
46. Laplata (Argentinen): Direccion General de Estadistica de la Provincia de Buenos Aires.
47. Leiden (Niederlande): Ethnographisches Reichsmuseum.
48. Leipzig: Verein für Erdkunde.
49. » Deutscher Palästina-Verein.
50. Lima (Peru): Sociedad Geografica.
51. Lissabon (Portugul): Sociedade de Geographia.

52. Liverpool (Grossbritannien): The Liverpool Geographical Society.
53. London (Grossbritannien): Royal Geographical Society.
54. Lübeck: Geographische Gesellschaft.
55. Lyon (Frankreich): Société de Géographie.
56. Madrid (Spanien): Sociedad Geográfica.
57. Mailand (Italien): Società d'Esplorazione Commerciale in Africa.
58. Manchester (Grossbritannien): The Manchester Geographical Society.
59. Marseille (Frankreich): Société de Géographie.
60. Melbourne (Australien): Royal Geographical Society of Australasia (Victorian Branch).
61. Metz: Verein für Erdkunde.
62. Mexico: Sociedad de Geografia y Estadistica de la Republicana Mexicana.
63. Montpellier (Frankreich): Société Languedocienne de Géographie.
64. München: Geographische Gesellschaft.
65. Nancy (Frankreich): Société de Géographie de l'Est.
66. Neapel (Italien): Società Africana d'Italia.
67. Neuchâtel (Schweiz): Société Neuchâteloise de Géographie.
68. New York (Nord-Amerika): American Geographical Society.
69. Oran (Afrika, Algerien): Société de Géographie et d'Archéologie de la Province d'Oran.
70. Ottawa (Canada): Geological and Natural History Survey.
71. Paris (Frankreich): Société de Géographie.
72. » » : Société de Géographie commerciale.
73. » » : Ministère des Colonies, Service géographique.
74. Pola (Oesterreich-Ungarn): K. K. Hydrographisches Amt.
75. Rio de Janeiro (Brasilien): Instituto Historico e Geographico Brasileiro.
76. Rio de Janeiro (Brasilien): Sociedade de Geographia.
77. Rom (Italien): Società Geografica Italiana.
78. Rouen (Frankreich): Société Normande de Géographie.
79. San Francisco (Nord-Amerika): Geographical Society of the Pacific.
80. » » : Geographical Society of California.
81. San José (Costa Rica): Observatorio Meteorologico National.
82. Sankt Gallen (Schweiz): Ostschweizerische Geographisch-kommerzielle Gesellschaft.
83. Sankt Petersburg (Russland): Imperatorskoje Russkoje Geographitschesskoje Obschtschesstwo (Kaiserl. Russische Geographische Gesellschaft).
84. Santiago (Chile): Sociedad Científica Alemana.

85. Shanghai (China): Royal Asiatic Society. China Branch.
86. Stettin: Verein für Erdkunde.
87. » : Verein zur Förderung überseeischer Handelsbeziehungen.
88. Stockholm (Schweden): Svenska Sällskapet för Antropologi och Geografi.
89. Stuttgart: (Württembergischer Verein für Handelsgeographie.
90. Sydney (Australien): Royal Geographical Society of Australasia (New South Wales Branch).
91. » » : Royal Society of New South Wales.
92. Tokio (Japan): Deutsche Gesellschaft für Natur- und Völkerkunde Ost-Asiens.
93. » » : Kaiserliche Universität.
94. Toulouse (Frankreich): Société de Géographie.
95. Tours (Frankreich): Société de Géographie.
96. Upsala (Schweden): Geologisches Institut.
97. Valparaiso (Chile): Deutscher Wissenschaftlicher Verein.
98. Washington, D. C. (Nord-Amerika): Hydrographic Office. Bureau of Navigation. Navy Department.
99. » » (Nord-Amerika): Smithonian Institution.
100. » » (Nord-Amerika): United States Geological Survey.
101. Wien (Oesterreich-Ungarn): K. K. Naturhistorisches Museum.
102. » » » : K. K. Militär-geogr. Institut.
103. » » » : K. K. Geographische Gesellschaft.
104. Wilhelmshaven: Kaiserliches Observatorium.

FSC
www.fsc.org
MIX
Papier | Fördert
gute Waldnutzung
FSC® C083411

Zeitfracht Medien GmbH
Ferdinand-Jühlke-Straße 7
99095 Erfurt, Deutschland
produktsicherheit@kolibri360.de